Miele

Natura e

Salute

Un Viaggio tra Scienza, Tradizione e Futuro

ampiamente considerate un resoconto veritiero e accurato dei fatti e, in quanto tale, qualsiasi disattenzione, uso o uso improprio delle informazioni in questione da parte del lettore renderà qualsiasi azione risultante esclusivamente di sua competenza. Non ci sono scenari in cui l'editore o l'autore originale di quest'opera possano essere in alcun modo ritenuti responsabili per eventuali difficoltà o danni che potrebbero verificarsi dopo aver intrapreso le informazioni qui descritte. Inoltre, le informazioni contenute nelle pagine seguenti sono da intendersi solo a scopo informativo e devono quindi essere considerate universali. Come si addice alla sua natura, è presentato senza garanzie circa la sua validità prolungata o la sua qualità provvisoria. I marchi citati sono realizzati senza consenso scritto e non possono in alcun modo essere considerati un'approvazione da parte del titolare del marchio.

Introduzione

Nel cuore della natura, troviamo il miele, un elisir dorato noto fin dall'antichità per le sue eccezionali proprietà. Questo libro vi guiderà in un viaggio affascinante alla scoperta del miele, esplorando il suo stretto legame con la natura, le sue innumerevoli proprietà benefiche per la salute, e il suo ruolo cruciale nell'ecosistema. Vi immergerete nella storia e nella scienza del miele, scoprendo le sue diverse varietà, l'uso nelle varie culture e tradizioni, e il suo impatto sulla salute umana, sia nutrizionale che medicinale. Il libro si propone di essere una guida completa, illustrando l'importanza della salvaguardia delle api e l'impatto ambientale, sottolineando la necessità di proteggere questi preziosi insetti per il futuro del nostro pianeta. "Miele: Natura e Salute" è un percorso di conoscenza e consapevolezza, unendo il piacere del palato alla salute del corpo, in un viaggio attraverso il tempo e lo spazio, celebrando uno degli alimenti più affascinanti e benefici che la natura ci offre.

"Miele: Natura e Salute" vuole essere un percorso di conoscenza e consapevolezza, che unisce il piacere del palato alla salute del corpo, in un viaggio attraverso il tempo e lo spazio, nel segno di uno degli alimenti più affascinanti e benefici che la natura ci offre.

Sommario

Breve Storia del Miele e del suo Utilizzo nelle Diverse Culture

Il miele ha una storia antica quanto la civiltà umana stessa. Le sue origini risalgono a migliaia di anni fa, con le prime testimonianze che lo ritraggono nelle pitture rupestri, indicando che già i primi uomini raccoglievano questo dolce nettare. Nell'antico Egitto, il miele era considerato un bene prezioso, utilizzato sia come dolcificante sia come offerta agli dèi e per la mummificazione. Gli Egizi furono tra i primi a praticare l'apicoltura in maniera organizzata, evidenziando la loro avanzata conoscenza di questo prodotto.

Nelle culture greca e romana, il miele manteneva un posto d'onore. Era utilizzato non solo in cucina, ma anche nella medicina e nei rituali religiosi. Gli antichi greci credevano che il miele fosse il cibo degli dèi dell'Olimpo e lo utilizzavano in abbondanza sia nei loro dolci sia come medicinale. Ippocrate, il padre della medicina moderna, prescriveva il miele per vari disturbi, dimostrando la sua vasta applicazione terapeutica.

Nel Medioevo, il miele era l'edulcorante principale in Europa, prima dell'introduzione dello zucchero di canna. Anche in questo periodo, le sue proprietà medicinali erano altamente considerate. Monasteri e apicoltori erano i principali produttori di miele, e le api venivano tenute in grande considerazione per il loro ruolo nella produzione di questo alimento essenziale.

In Asia, il miele ha avuto un ruolo simile, essendo un ingrediente fondamentale in molte tradizioni culinarie e medicinali. Nella medicina ayurvedica indiana, ad esempio, il miele è stato da sempre utilizzato per le sue proprietà curative, spesso in combinazione con altre erbe e spezie.

Le popolazioni indigene delle Americhe, prima del contatto con gli Europei, non conoscevano il miele delle api, ma utilizzavano altri tipi di dolcificanti naturali. Con l'arrivo degli Europei e l'introduzione delle api, anche in queste culture il miele ha trovato il suo spazio, diventando parte delle pratiche alimentari e mediche.

Attraverso i secoli, il miele è stato un simbolo di prosperità, salute e abbondanza in molte culture. La sua storia riflette non solo l'evoluzione dell'alimentazione umana ma anche la nostra relazione con la natura e le sue risorse.

Capitolo 1: Il Miele nella Natura

Descrizione del Processo di Produzione del Miele nell'Ambiente Naturale

Il processo di produzione del miele inizia con il lavoro instancabile delle api. Queste creature straordinarie visitano migliaia di fiori, raccogliendo il nettare con le loro bocche. Il nettare viene trasportato all'interno delle loro sacche nettare, dove si mescola con gli enzimi che iniziano il processo di trasformazione in miele.

Una volta tornate all'alveare, le api passano il nettare alle cosiddette "api nutrici", che continuano il processo di raffinazione. Questo include l'aggiunta di ulteriori enzimi e la riduzione dell'acqua contenuta, processo che avviene attraverso il battito delle ali per favorire l'evaporazione. Una volta che il nettare ha raggiunto la consistenza desiderata, viene depositato nelle celle del favo e sigillato con una cera prodotta dalle api, per la conservazione.

Questo processo è un esempio meraviglioso di simbiosi tra le api e il loro ambiente. Ogni tipo di fiore dona al miele un sapore, un colore e proprietà uniche, rendendo ogni raccolto un riflesso dell'ecosistema in cui le api hanno raccolto il nettare.

Ruolo delle Api e Importanza della Biodiversità

Le api sono molto più di semplici produttrici di miele; sono vere e proprie custodi della biodiversità. Il loro ruolo nell'ecosistema è fondamentale per il mantenimento della varietà e della ricchezza della vita vegetale. Attraverso l'impollinazione, le api non solo aiutano le piante a riprodursi, ma contribuiscono anche alla diversificazione genetica delle specie vegetali, un aspetto chiave per la resilienza degli ecosistemi.

Durante il volo di raccolta, le api trasportano polline tra piante di diverse specie, assicurando così una fecondazione incrociata. Questo processo è vitale per la salute e la vitalità delle piante, che grazie a esso possono sviluppare semi più forti e resistenti, assicurando la continuità delle specie.

La biodiversità vegetale, a sua volta, supporta una vasta gamma di altre specie animali, dalle piccole creature del sottobosco agli uccelli e agli insetti, creando un ecosistema equilibrato e sano. Le piante impollinate dalle api forniscono cibo e habitat a molti di questi animali, creando una rete di interdipendenze che sostiene la vita in molte forme.

Tuttavia, la biodiversità è sotto minaccia a causa di pratiche agricole intensive, cambiamenti climatici e perdita di habitat. La diminuzione delle popolazioni di api in molte parti del mondo è un campanello d'allarme che ci avverte della fragilità dei nostri ecosistemi. Proteggere le api e i loro habitat naturali non è solo una questione di salvaguardia di una specie; è un passo fondamentale per preservare l'intero equilibrio dell'ecosistema e la varietà della vita sulla Terra.

In questo capitolo, approfondiremo il ruolo cruciale che le api giocano nella conservazione della biodiversità ed esploreremo le azioni che possiamo intraprendere per proteggere questi preziosi alleati della natura.

Differenze tra i Tipi di Miele a Seconda dell'Ambiente e delle Piante

Il miele è un prodotto unico, la cui varietà è direttamente influenzata dall'ambiente in cui le api raccolgono il nettare. La diversità delle piante da cui le api raccolgono il nettare si traduce in un'ampia gamma di tipi di miele, ognuno con le sue caratteristiche specifiche in termini di colore, consistenza, sapore e proprietà nutritive.

Miele di Acacia

Trasparente e quasi incolore, questo miele è derivato principalmente dai fiori di acacia. È noto per il suo sapore delicato e per la sua capacità di rimanere liquido più a lungo rispetto ad altri tipi di miele.

Miele di Castagno

Di colore più scuro e con un gusto intenso e leggermente amaro, il miele di castagno è ricco di minerali e ha proprietà antiossidanti. Proviene dai fiori di castagno e si distingue per la sua persistenza aromatica.

Miele di Eucalipto

Con sfumature di colore che vanno dal dorato al marrone, questo miele ha un sapore distintivo che ricorda il caramello e le spezie. È prodotto dai fiori di eucalipto e spesso utilizzato per le sue proprietà balsamiche.

Miele di Lavanda

Di colore chiaro, ha un aroma floreale e un gusto delicato e rinfrescante. Questo miele è noto per le sue proprietà rilassanti e viene prodotto dai fiori di lavanda.

Miele di Manukau

Originario della Nuova Zelanda, è ricavato dai fiori dell'albero di Manuka. È riconosciuto per le sue eccezionali proprietà antibatteriche e curative, con un sapore ricco e leggermente amaro.

L'ambiente in cui vivono le api gioca un ruolo fondamentale nella qualità e nelle caratteristiche del miele. Fattori come il clima, il tipo di suolo e la presenza di particolari specie vegetali influenzano il nettare raccolto e, di conseguenza, le proprietà del miele. Un ambiente incontaminato e ricco di biodiversità favorisce la produzione di mieli di alta qualità e con caratteristiche organolettiche particolari.

Questa sezione del libro offre un viaggio attraverso i diversi tipi di miele, illustrando come ogni varietà sia un riflesso del suo ambiente naturale e della biodiversità che lo caratterizza. La comprensione di queste differenze non solo arricchisce il nostro apprezzamento per il miele, ma sottolinea anche l'importanza di preservare gli ambienti naturali e la varietà delle piante per garantire la continuità di questa ricchezza.

Capitolo 2: Proprietà e Benefici del Miele

Analisi Nutrizionale del Miele

Composizione chimica del miele: zuccheri, vitamine, minerali, antiossidanti, ed enzimi.

Confronto nutrizionale con altri dolcificanti come lo zucchero bianco e lo sciroppo di mais.

Benefici per la Salute

Proprietà antibatteriche e antinfiammatorie: come il miele aiuta nella guarigione delle ferite e nella prevenzione di infezioni.

Effetti sul sistema digestivo: miele e la salute intestinale, inclusa la sua azione prebiotica.

Benefici per il sistema immunitario: come il consumo regolare di miele può rafforzare le difese naturali del corpo.

Miele e sollievo per tosse e mal di gola: l'utilizzo del miele come rimedio naturale in caso di raffreddore e influenza.

Miele e Nutrizione Sportiva

Come il miele può essere utilizzato come fonte di energia naturale per gli atleti.

Benefici del miele nel recupero post-allenamento.

Miele e Bellezza

Utilizzo del miele nella cosmesi: maschere, balsami e trattamenti per la pelle e i capelli.

Proprietà idratanti e nutrienti del miele per la cura della pelle.

Precauzioni e Consigli

Consigli sul consumo moderato di miele, specialmente per individui con specifiche condizioni di salute come il diabete.

Importanza della qualità del miele: come scegliere un miele di buona qualità e le differenze tra miele crudo e miele processato.

Analisi Scientifica delle Proprietà del Miele

Il miele è un alimento straordinario, la cui complessità è stata oggetto di numerosi studi scientifici. Questi studi hanno rivelato una composizione ricca e variegata, che contribuisce ai suoi molteplici benefici per la salute. Ecco alcuni aspetti chiave analizzati dalla scienza:

Composizione Chimica:

Il miele è principalmente composto da zuccheri, principalmente fruttosio e glucosio. Contiene anche acqua, ma in percentuali minori rispetto agli zuccheri. La sua composizione esatta può variare a seconda del tipo di fiori da cui le api raccolgono il nettare.

Antiossidanti

Il miele contiene antiossidanti, come i flavonoidi e i fenoli, che giocano un ruolo cruciale nella protezione del corpo dai danni causati dai radicali liberi. Questi antiossidanti possono aiutare a ridurre il rischio di malattie croniche come il cancro e le malattie cardiache.

Proprietà Antibatteriche

Molte ricerche hanno dimostrato che il miele possiede naturali proprietà antibatteriche, dovute in parte alla presenza di perossido di idrogeno, acido fenolico e basso pH. Queste proprietà rendono il miele efficace nel trattamento delle ferite e nell'inibizione della crescita di batteri patogeni.

Enzimi e Vitamine

Il miele contiene anche enzimi che aiutano nella digestione, come la diastasi e l'invertasi, e piccole quantità di vitamine del gruppo B e vitamina C, nonché minerali come il ferro, il calcio e il potassio.

Effetti sul Metabolismo

Studi hanno esaminato l'effetto del miele sul metabolismo, in particolare rispetto alla regolazione della glicemia. Anche se ricco di zuccheri, il miele ha un indice glicemico più basso rispetto allo zucchero raffinato, il che significa che non causa picchi rapidi di zucchero nel sangue.

Effetto Prebiotico

Il miele può agire come un prebiotico, stimolando la crescita e l'attività di batteri benefici nell'intestino. Questo può avere effetti positivi sulla salute digestiva e sul sistema immunitario.

Benefici per la Salute:

Nutrizionale, Antibatterici, Antinfiammatori

Il miele è un alimento ricco non solo di gusto, ma anche di benefici per la salute. La ricerca scientifica ha evidenziato diversi modi in cui il miele può contribuire al benessere fisico.

Benefici Nutrizionali

Energia Naturale Il miele è una fonte naturale di carboidrati, fornendo energia immediata e facilmente assimilabile, ideale per sportivi o persone con un alto dispendio energetico.

Vitamine e Minerali

Contiene tracce di vitamine, come la B6, tiamina, niacina, riboflavina e acido pantotenico, oltre a minerali come calcio, rame, ferro, magnesio, manganese, fosforo, potassio e zinco, sebbene in quantità limitate.

Proprietà Antibatteriche e Antinfiammatorie

Antibatterico Naturale

Il miele, in particolare alcune varietà come il miele di Manuka, ha dimostrato di possedere proprietà antibatteriche significative, utili nel trattamento di ferite, ustioni e ulcere, aiutando nella prevenzione di infezioni.

Antinfiammatorio

È stato dimostrato che il miele riduce l'infiammazione, grazie alla sua composizione ricca di antiossidanti. Questo lo rende utile nel trattamento di condizioni infiammatorie come la gastrite e persino alcune forme di artrite.

Altri Benefici per la Salute

Salute Cardiovascolare

Alcuni studi suggeriscono che il consumo moderato di miele può avere effetti positivi sulla salute del cuore, riducendo alcuni fattori di rischio per le malattie cardiovascolari.

Sollievo per Tosse e Mal di Gola

Il miele è spesso usato come rimedio naturale per la tosse e il mal di gola, grazie alle sue proprietà lenitive e antibatteriche.

Questi benefici illustrano come il miele sia molto più di un semplice dolcificante. È un alimento funzionale che, quando consumato con moderazione, può essere un valido alleato per la salute. Questa sezione può essere ampliata con ulteriori ricerche e studi di caso per fornire una visione più completa e dettagliata dei benefici del miele.

Miele e Sistema Immunitario

Il miele non è solo una dolce delizia, ma anche un potente alleato per il sistema immunitario. La sua composizione unica conferisce al miele proprietà che possono sostenere e potenziare le difese naturali del corpo:

Stimolazione del Sistema Immunitario

Il miele contiene sostanze come i polifenoli e altri antiossidanti che possono aiutare a stimolare il sistema immunitario.

Alcune ricerche suggeriscono che il consumo regolare di miele può aumentare la produzione di anticorpi, contribuendo così alla risposta immunitaria contro agenti patogeni.

Proprietà Antibatteriche e Antivirali

Oltre alle sue note proprietà antibatteriche, il miele ha dimostrato in alcuni studi di possedere anche attività antivirale, che può essere utile nella prevenzione o nel trattamento di alcune infezioni virali.

Ricchezza di Antiossidanti

Gli antiossidanti presenti nel miele, come i flavonoidi e gli acidi fenolici, combattono i danni causati dai radicali liberi nel corpo, che possono indebolire il sistema immunitario.

Effetti Prebiotici:

Il miele agisce anche come prebiotico, nutrendo i batteri buoni nell'intestino. Un intestino sano è fondamentale per un sistema immunitario forte, in quanto una grande parte delle cellule immunitarie si trova nell'intestino.

Ricco di Nutrienti

Sebbene il miele non sia una fonte significativa di vitamine e minerali, contiene tracce di sostanze nutritive che possono supportare la funzione immunitaria, come il rame, il ferro, il magnesio, il manganese, il fosforo, il potassio e lo zinco.

Includendo questa sezione, il tuo libro fornirà ai lettori una visione approfondita di come il miele può sostenere e migliorare il sistema immunitario. Queste informazioni possono essere ulteriormente arricchite con studi scientifici specifici o esempi pratici che illustrano l'uso del miele per rafforzare le difese naturali del corpo.

Capitolo 3: Miele nella Dieta Quotidiana

Integrazione del Miele nella Dieta Quotidiana

Come sostituire lo zucchero con il miele nelle varie ricette: dolci, bevande e piatti salati.

Benefici del consumare il miele al posto degli zuccheri raffinati.

Miele e Colazione

Idee per colazioni sane con il miele: yogurt, frullati, cereali e pane tostato.

Ricette per marmellate e spread a base di miele.

Miele come Ingrediente in Cucina

Utilizzo del miele in marinature e glasse per carne e pesce.

Ricette di salse e condimenti a base di miele per insalate e contorni.

Snack e Dolci Salutari con Miele

Ricette per spuntini energetici e barrette fatte in casa con miele, frutta secca e cereali.

Dessert più sani con l'utilizzo del miele, come torte, biscotti e gelati.

Miele e Bevande

Preparazione di bevande salutari con miele, come tè, infusi e frullati.

Ricette di cocktail e cocktail con miele per occasioni speciali.

Consigli per l'Acquisto e la Conservazione del Miele

Guida alla scelta di un miele di qualità: differenze tra miele crudo e miele processato.

Suggerimenti per la conservazione del miele per mantenerne le proprietà e il sapore.

Questo capitolo è pensato per fornire ai lettori idee pratiche e ispirazioni su come incorporare il miele nella loro dieta quotidiana, sottolineando i benefici di questa scelta sia per la salute sia per il gusto. Ogni sezione può essere arricchita con dettagli, ricette specifiche e consigli personalizzati per rendere il contenuto più coinvolgente e utile.

Consigli su Come Integrare il Miele nella Dieta

Sostituzione dello Zucchero con il Miele

Inizia sostituendo lo zucchero con il miele nelle tue bevande quotidiane come tè, caffè o frullati. Il miele non solo addolcisce, ma aggiunge anche un aroma unico.

Quando cucini o fai dolci, sostituisci lo zucchero con il miele. Generalmente, puoi usare una quantità leggermente inferiore di miele rispetto allo zucchero, poiché il miele è più dolce.

Uso del Miele nelle Marinature e Glasse

Il miele può essere un ottimo ingrediente nelle marinature per carne o pesce, contribuendo a caramellare e aggiungere un sapore unico durante la cottura.

Utilizzalo anche nelle glasse per arrosti o per creare una crosta dolce-su-salato.

Colazione e Snack

Aggiungi il miele al tuo yogurt o cereali per una colazione dolce e salutare.

Prepara degli spuntini energetici come barrette di cereali o frutta secca con miele, perfetti per uno spuntino salutare.

Dolci e Dessert

Usa il miele in ricette per dolci, come torte, biscotti e muffin. Il miele non solo dolcifica, ma può anche aggiungere umidità e una ricca profondità di sapore.
Prova a fare del gelato casalingo con miele, per un dessert fresco e naturale.

Insalate e Condimenti

Crea dei condimenti per insalate mescolando il miele con aceto, olio d'oliva e spezie, per un equilibrio perfetto di dolce e acido.
Il miele può essere un ottimo ingrediente anche in salse e condimenti per verdure cotte o crude.

Bevande Salutari

Aggiungi il miele ai tuoi frullati per una dolcezza naturale e un apporto extra di energia.
Prepara delle bevande rinfrescanti come limonate o tè freddo con un tocco di miele.

Ricordati di Moderare

Anche se il miele è naturale, contiene zuccheri, quindi è importante consumarlo con moderazione, soprattutto se si hanno preoccupazioni per la glicemia o il peso.

Ricette e Suggerimenti per l'Uso del Miele in Cucina

Miele nei Dolci

Muffin al Miele e Limone: Sostituisci lo zucchero con il miele in una semplice ricetta di muffin, aggiungendo scorza di limone per un sapore fresco e vivace.

Torta al Miele e Spezie: Crea una torta ricca utilizzando il miele come dolcificante principale, combinato con spezie come cannella, chiodi di garofano e zenzero.

Miele in Cucina Salata

Pollo Glassato al Miele e Senape: Usa una miscela di miele e senape per glassare il pollo prima di arrostirlo, ottenendo una crosta dolce e saporita.

Salmone al Forno con Miele e Soia: Marinare il salmone con una combinazione di miele, salsa di soia e aglio per un piatto veloce e gustoso.

Miele nelle Bevande

Tè al Miele e Zenzero: Aggiungi miele e zenzero fresco al tuo tè caldo per una bevanda riscaldante e salutare.

Frullato di Miele e Frutta: Combina il miele con frutta fresca o congelata e yogurt per un frullato energizzante.

Miele nelle Insalate

Condimento per Insalata di Miele e Aceto Balsamico: Mescola miele, aceto balsamico, olio d'oliva e un pizzico di sale per un condimento dolce e ricco.

Insalata di Spinaci, Noci e Miele: Usa il miele per dolcificare una insalata di spinaci freschi, noci tostate e formaggio di capra.

Miele e Snack

Barrette Energetiche Casalinghe:
Combina miele, avena, frutta secca e semi per preparare delle barrette energetiche fatte in casa, perfette per uno spuntino salutare.

Yogurt con Miele e Frutta

Aggiungi miele allo yogurt naturale, insieme a frutta fresca e granola per una colazione o uno spuntino nutrienti.

Miele e Alimentazione Sana

Il miele, quando consumato con moderazione, può essere un'eccellente aggiunta a una dieta sana. Ecco alcuni punti chiave da considerare:

Dolcificante Naturale

A differenza degli zuccheri raffinati, il miele è un dolcificante naturale che fornisce energia e un gusto dolce, ma con il vantaggio aggiuntivo di antiossidanti, minerali e altre sostanze nutritive.

Quando usato al posto dello zucchero raffinato, il miele può contribuire a ridurre l'assunzione complessiva di zuccheri semplici.

Controllo delle Porzioni

È importante controllare le porzioni di miele, in quanto è ricco di zuccheri naturali. Una quantità moderata, come un cucchiaino in una tazza di tè o spalmato su una fetta di pane integrale, è un modo salutare per godere del suo sapore.

Indice Glicemico

Il miele ha un indice glicemico (IG) più basso rispetto allo zucchero da tavola, il che significa che non provoca picchi rapidi di zucchero nel sangue, rendendolo una scelta migliore per una liberazione più lenta di energia.

Abbinamenti Salutari

Abbinare il miele con alimenti ricchi di proteine, fibre e grassi sani, come yogurt, frutta fresca, frutta secca e cereali integrali, può aiutare a bilanciare l'assunzione di zuccheri e a promuovere una sensazione di sazietà.

Attenzione a Dieta e Condizioni di Salute Specifiche

Per chi soffre di condizioni come il diabete, è fondamentale consultare un medico prima di introdurre il miele nella dieta, per comprendere come questo possa influire sui livelli di glucosio nel sangue.

Miele Crudo vs Processato

Scegliere miele crudo, non filtrato e non riscaldato, può offrire maggiori benefici nutrizionali, mantenendo intatte le sue proprietà naturali.

Includendo questa sezione, il tuo libro fornirà ai lettori una visione completa di come il miele può essere integrato in una dieta sana, evidenziando i benefici e le precauzioni necessarie per un consumo responsabile. Queste informazioni possono essere arricchite con suggerimenti specifici, ricette salutari o esempi pratici.

Capitolo 4: Miele e Medicina Tradizionale

Uso Storico del Miele nella Medicina

Esplorazione delle origini dell'uso del miele nella medicina tradizionale in diverse culture, come l'Egitto antico, la Grecia, la Cina e l'India.

Esempi storici dell'impiego del miele in rimedi e trattamenti, dalla cura delle ferite e delle ustioni alla sua funzione come antibatterico.

Miele nella Medicina Popolare

Illustrazione delle pratiche comuni in cui il miele è stato utilizzato come rimedio casalingo, come il trattamento di tosse e mal di gola, disturbi digestivi e problemi di pelle.

Storie e tradizioni legate all'uso del miele nella medicina popolare, sottolineando il suo ruolo nelle comunità rurali e nelle tradizioni familiari.

Miele e Ayurveda

Approfondimento sull'importanza del miele nella medicina ayurvedica, inclusi i suoi usi in vari trattamenti e la sua classificazione come "Yoga ahi" - un agente che aumenta le proprietà di altre sostanze.

Esempi di ricette ayurvediche che includono il miele per la salute generale, la pulizia e il riequilibrio del corpo.

Miele nella Medicina Cinese Tradizionale

Discussione su come il miele è stato utilizzato nella medicina cinese per nutrire il "Yin" e armonizzare lo "stomaco", con esempi di ricette e trattamenti.

Il ruolo del miele nel rafforzare il "Qi" (energia vitale) e nel trattamento di condizioni specifiche secondo la medicina cinese.

Studi e Ricerche sulla Validità di questi Usi

Panoramica delle ricerche moderne che confermano o mettono in discussione le pratiche tradizionali legate all'uso del miele.

Discussione su come la scienza moderna sta iniziando a riconoscere e validare alcuni degli usi storici del miele nella medicina.

Confronto tra Miele e Altri Dolcificanti dal Punto di Vista della Salute

Analisi delle differenze tra miele e altri dolcificanti (come lo zucchero bianco, lo sciroppo di mais, gli edulcoranti artificiali) in termini di effetti sulla salute.

Questo capitolo fornisce una panoramica completa dell'uso del miele nella medicina tradizionale e popolare, mostrando come sia stato valorizzato per le sue proprietà curative attraverso diverse culture ed epoche. Ogni sezione può essere arricchita con aneddoti storici, ricette tradizionali e risultati di ricerche moderne per offrire una visione bilanciata e informativa.

Uso del Miele nella Medicina Popolare e Tradizionale

Il miele è stato utilizzato come rimedio naturale per millenni in molte culture in tutto il mondo, grazie alle sue proprietà uniche. Ecco alcuni esempi storici e attuali di come il miele sia stato impiegato nella medicina popolare e tradizionale:

Curativo per Ferite e Ustioni

Fin dall'antichità, il miele è stato applicato sulle ferite e le ustioni per favorire la guarigione e prevenire le infezioni, grazie alle sue proprietà antibatteriche e antinfiammatorie.

Trattamento per Tosse e Mal di Gola

Nella medicina popolare, il miele è comunemente usato come rimedio per la tosse e il mal di gola. La sua consistenza viscosa aiuta a lenire la gola irritata, mentre le sue proprietà antibatteriche possono aiutare a combattere l'infezione.

Digestivo Naturale

Tradizionalmente, il miele è stato utilizzato per alleviare disturbi digestivi. La sua natura prebiotica aiuta a nutrire la flora intestinale buona e a migliorare la digestione.

Supporto al Sistema Immunitario

Il miele, specialmente nelle sue forme più pure e non trattate, è stato usato per rafforzare il sistema immunitario. Le sue sostanze nutritive e gli antiossidanti possono aiutare a proteggere il corpo da vari agenti patogeni.

Rimedio per Disturbi del Sonno

In alcune tradizioni, il miele è stato utilizzato per favorire il sonno, grazie alla sua capacità di stimolare la produzione di serotonina, che a sua volta può essere convertita in melatonina, l'ormone che regola il sonno.

Alleviamento di Allergie Stagionali:

La pratica di consumare piccole quantità di miele locale è stata suggerita come modo per aiutare il corpo a adattarsi agli allergeni ambientali, potenzialmente riducendo la sensibilità alle allergie stagionali.

Uso Topico per la Pelle

Il miele è stato applicato sulla pelle per trattare varie condizioni, come acne, eczema e psoriasi, grazie alle sue proprietà antimicrobiche e alla capacità di idratare la pelle.

Studi e Ricerche sulla Validità degli Usi Tradizionali del Miele

La medicina moderna ha iniziato a esplorare scientificamente gli usi tradizionali del miele, portando alla luce interessanti conferme e scoperte:

Miele nella Guarigione delle Ferite

Diverse ricerche hanno evidenziato l'efficacia del miele, specialmente di alcune varietà come il miele di Manuka, nel trattamento di ferite, bruciature e ulcere. Il miele agisce come un agente antibatterico e antinfiammatorio, accelerando il processo di guarigione e riducendo il rischio di infezioni.

Miele per Tosse e Mal di Gola

Uno studio pubblicato nel "Journal of Family Practice" ha mostrato che il miele può essere più efficace di alcuni farmaci da banco nel trattamento della tosse nei bambini, offrendo sollievo e migliorando il sonno.

Miele e Salute Digestiva

Ricerche hanno esplorato l'effetto prebiotico del miele, osservando il suo impatto positivo sulla flora intestinale. Il miele sembra sostenere la crescita di batteri intestinali benefici, migliorando la salute digestiva.

Miele e Allergie Stagionali

Sebbene l'evidenza sia ancora aneddotica, alcuni studi preliminari suggeriscono che il consumo regolare di miele locale potrebbe fornire un certo sollievo dalle allergie stagionali, possibilmente attraverso il processo di desensibilizzazione.

Miele nelle Applicazioni Dermatologiche

Studi hanno indicato che il miele può essere utile nel trattamento di condizioni dermatologiche come l'acne, grazie alle sue proprietà antimicrobiche e idratanti.

Limiti della Ricerca

È importante sottolineare che, nonostante questi risultati positivi, la ricerca è ancora in corso. Il miele non deve essere visto come un sostituto dei trattamenti medici convenzionali per condizioni gravi o croniche.

Diverse Variazioni e Composizioni

I risultati degli studi possono variare a seconda del tipo di miele utilizzato, dato che la composizione chimica del miele varia in base alla flora da cui proviene il nettare.

Questa sezione del libro fornisce un'analisi basata su prove scientifiche degli usi tradizionali del miele, mostrando come la medicina moderna abbia iniziato a riconoscere e validare alcune di queste pratiche ancestrali. Puoi arricchirla con riferimenti a studi specifici, esempi di ricerche o citazioni di esperti nel campo per fornire una base solida e dettagliata.

Capitolo 5: Salvaguardia delle Api e dell'Ambiente

Importanza delle Api per l'Ecosistema

Esplorazione del ruolo vitale delle api nell'impollinazione e nella biodiversità.

Discussione sull'impatto della diminuzione delle popolazioni di api sulla produzione alimentare e sulla salute degli ecosistemi.

Problemi Attuali: Declino delle Popolazioni di Api

Analisi delle cause del declino delle api, tra cui l'uso di pesticidi, la perdita di habitat, i cambiamenti climatici e le malattie.

Esempi concreti e studi di caso che illustrano l'impatto di questi fattori sulle popolazioni di api.

Impatto Ambientale e Agricoltura

Esame dell'interazione tra le pratiche agricole e la salute delle api, inclusi gli effetti dei pesticidi e la monocultura.

Discussione sull'importanza dell'agricoltura sostenibile e biologica per la salvaguardia delle api.

Come Possiamo Contribuire alla Salvaguardia delle Api.

Suggerimenti pratici per individui e comunità per aiutare a proteggere le api, come la creazione di giardini amichevoli per le api, il sostegno all'apicoltura locale e la scelta di prodotti biologici.

Iniziative e progetti a livello globale e locale volti alla conservazione delle api e alla sensibilizzazione.

Apicoltura Sostenibile

Panoramica sulle pratiche di apicoltura sostenibile, inclusa la gestione responsabile delle arnie e l'uso limitato di trattamenti chimici.

Storie di successo e interviste con apicoltori che adottano metodi sostenibili.

Conclusione: Un Futuro per le Api e per Noi

Riflessioni finali sull'importanza di proteggere le api e il loro habitat per il benessere dell'ambiente e dell'umanità.

Invito all'azione per un impegno collettivo nella salvaguardia delle api e nella promozione di pratiche sostenibili.

Questo capitolo mira a sensibilizzare i lettori sull'importanza critica delle api per il nostro ambiente e su come possiamo tutti contribuire a proteggerle. Può essere arricchito con dati scientifici attuali, testimonianze di esperti nel campo dell'apicoltura ed esempi di iniziative positive a livello globale e comunitario.

Importanza delle Api per l'Ecosistema

Le api svolgono un ruolo cruciale negli ecosistemi di tutto il mondo, essendo uno degli impollinatori più efficaci in natura. Ecco alcuni aspetti fondamentali della loro importanza:

Impollinazione e Biodiversità:

Le api sono responsabili dell'impollinazione di circa il 70% delle colture che consumiamo quotidianamente. Senza il loro lavoro, molte piante non riuscirebbero a riprodursi, il che avrebbe un impatto devastante sulla biodiversità.

Sicurezza Alimentare:

L'impollinazione delle api contribuisce significativamente alla sicurezza alimentare mondiale. Coltivazioni come frutta, verdura, semi e noci dipendono in gran parte dal loro lavoro.

Economia Agricola:

Le api hanno un impatto economico enorme. La loro attività di impollinazione è essenziale per l'agricoltura e, di conseguenza, per l'economia di molte regioni del mondo.

Salute degli Ecosistemi:

Le api contribuiscono alla salute degli habitat naturali. La loro attività di impollinazione supporta la crescita di piante selvatiche, che a loro volta forniscono habitat e cibo ad altri animali selvatici.

Indicatori Ambientali:

Le api sono considerate indicatori biologici, il che significa che il loro benessere riflette la salute dell'ambiente circostante. Un declino nelle popolazioni di api può segnalare problemi ambientali più ampi.

Conservazione delle Specie Vegetali:

Attraverso l'impollinazione, le api aiutano a mantenere la diversità genetica nelle piante. Questa diversità è fondamentale per la resilienza delle piante a malattie e cambiamenti climatici.

Includendo questa sezione, il tuo libro evidenzierà l'importanza critica delle api non solo per l'ambiente naturale, ma anche per la nostra società e l'economia. Puoi arricchirla con esempi specifici, dati statistici e citazioni di esperti nel campo dell'ecologia e dell'apicoltura.

Declino delle Popolazioni di Api e Impatto Ambientale

Il declino delle popolazioni di api è diventato un problema globale con serie implicazioni ambientali. Ecco alcuni dei fattori chiave dietro questo fenomeno e il loro impatto:

Uso di Pesticidi:

L'uso diffuso di pesticidi, in particolare i neonicotinoidi, è una delle principali cause del declino delle api. Questi chimici possono uccidere le api direttamente o influenzare negativamente il loro comportamento e capacità di orientamento.

Perdita di Habitat:

La deforestazione, l'urbanizzazione e le pratiche agricole intensive hanno ridotto gli habitat naturali delle api, limitando le loro fonti di nutrimento e i siti di nidificazione.

Cambiamenti Climatici:

I cambiamenti climatici influenzano la fioritura delle piante e i modelli climatici, interferendo con i cicli stagionali a cui le api si sono adattate per millenni. Questo può disturbare la loro capacità di nutrirsi e riprodursi.

Malattie e Parassiti:

Parassiti come l'acaro Varroa Destructor e varie malattie batteriche e virali hanno devastato colonie di api in tutto il mondo. Le api indebolite dai pesticidi e dalla malnutrizione sono più vulnerabili a questi problemi di salute.

Monoculture Agricole:

Le pratiche di monocultura limitano la diversità delle fonti di cibo per le api. Senza una varietà di piante da cui raccogliere nettare e polline, le api possono soffrire di malnutrizione, riducendo la loro resistenza alle malattie.

Impatto sull'Ecosistema e sulla Biodiversità:

Il declino delle api ha un impatto a catena su tutto l'ecosistema. Le piante che dipendono dall'impollinazione delle api possono declinare, influenzando a loro volta gli animali che dipendono da quelle piante per cibo e habitat.

Conseguenze Economiche:

La riduzione delle popolazioni di api ha anche un impatto economico significativo, soprattutto nell'agricoltura, dove molte colture dipendono dall'impollinazione delle api per la produzione.

Questa sezione del libro fornisce una panoramica completa dei problemi che stanno portando al declino delle popolazioni di api e del loro impatto sull'ambiente e sull'economia. Puoi approfondire con studi di caso specifici, dati recenti e testimonianze di esperti nel campo della conservazione e dell'apicoltura.

Capitolo 6: Storia e Tradizioni del Miele

Le Origini del Miele nella Storia Umana

Prime Evidenze:

Le prime tracce dell'uso del miele da parte dell'uomo risalgono a migliaia di anni fa. Pitture rupestri in Spagna e Africa mostrano immagini di uomini che raccolgono miele da alveari selvatici.

Il Miele nell'Antico Egitto:

Gli Egizi furono tra i primi a praticare l'apicoltura in maniera organizzata. Il miele era usato non solo come dolcificante e ingrediente per i dolci, ma anche nelle cerimonie religiose e nella medicina.

Uso del Miele nelle Civiltà Antiche:

In Grecia, il miele era considerato il cibo degli dèi dell'Olimpo e veniva utilizzato in svariate ricette, medicine e come offerta agli dèi.

Anche nella Roma antica, il miele aveva un'importanza culinaria e medicinale, con Apicio che menzionava numerose ricette a base di miele nel suo celebre libro di cucina.

Miele Nelle Culture Asiatiche:

Nella medicina tradizionale cinese e nell'Ayurveda indiana, il miele era ed è ancora considerato un componente essenziale per molteplici trattamenti, grazie alle sue proprietà curative.

Simbolismo del Miele:

Oltre al suo uso pratico, il miele ha avuto un forte simbolismo in molte culture, rappresentando dolcezza, prosperità, salute e purezza.

Tradizioni Apistiche nel Corso dei Secoli:

La pratica dell'apicoltura ha attraversato diverse evoluzioni, dalla raccolta del miele in natura all'uso di strutture più complesse per l'allevamento delle api.

Conservazione delle Conoscenze:

Testi antichi, come i papiri egizi e i manoscritti greci e romani, conservano una vasta conoscenza sulle tecniche di apicoltura e sull'uso del miele, testimoniando l'importanza di questo prodotto attraverso le epoche.

Questa sezione del libro offre un affascinante viaggio attraverso la storia del miele, mostrando come sia stato un elemento prezioso e rispettato in diverse culture. Puoi arricchire il testo con aneddoti specifici, citazioni da testi antichi e immagini storiche per rendere il racconto più vivido e coinvolgente.

Esplorazione delle Prime Testimonianze dell'Uso del Miele

Pitture Rupestri:

Le pitture rupestri sono tra le più antiche testimonianze dell'interazione umana con le api e la raccolta del miele. Ad esempio, le pitture della Cueva de la Araña in Spagna, risalenti al 6000 a.C., rappresentano un uomo che raccoglie miele da un alveare selvatico.

Testi Antichi e Riferimenti Storici:

Documenti storici dell'antico Egitto, inclusi papiri e iscrizioni tombali, fanno riferimento all'uso del miele sia come alimento sia come componente in rimedi medicinali.

In molte culture antiche, tra cui quella greca e romana, il miele era ampiamente utilizzato in cucina, nella medicina e nelle cerimonie religiose. Autori come Aristotele e Plinio il Vecchio hanno scritto estesamente sulle api e sul miele.

Il Miele nelle Scritture Religiose:

Le scritture sacre di diverse religioni menzionano il miele. Nel Corano, ad esempio, il miele è descritto come un rimedio per gli uomini. Anche la Bibbia fa numerosi riferimenti al miele, spesso simbolo di prosperità e abbondanza.

Ritrovamenti Archeologici:

Scavi archeologici hanno rivelato contenitori per il miele in diverse antiche civiltà, dimostrando come la sua conservazione e il commercio fossero pratiche comuni.

Miele e Medicina Tradizionale:

Testi ayurvedici e della medicina tradizionale cinese documentano l'uso del miele per trattare una varietà di disturbi, sottolineando la sua importanza come rimedio naturale.

Simbolismo e Cultura:

Oltre all'uso pratico, il miele aveva un forte significato simbolico in molte culture antiche, associato a concetti di dolcezza, fertilità, salute e persino immortalità.

Evoluzione dell'Apicoltura:

Dalle prime testimonianze di raccolta selvaggia fino all'apicoltura organizzata, il miele ha avuto un ruolo significativo nello sviluppo delle tecniche agricole e nella cultura umana.

Questa sezione del libro fornisce una panoramica storica sull'uso e il significato del miele nelle prime civiltà, mettendo in luce come sia stato un elemento fondamentale e rispettato fin dalle origini della storia umana. Puoi arricchirla con illustrazioni delle pitture rupestri, citazioni da testi antichi e reperti archeologici per creare un collegamento visivo e contestuale con il passato.

Il Miele nelle Civiltà Antiche: Egitto, Grecia, Roma

Egitto Antico:

Uso Quotidiano e Cerimoniale: Il miele era un ingrediente prezioso nell'antico Egitto, utilizzato sia come dolcificante nelle pietanze sia in offerte religiose agli dèi.

Medicina e Balsamazione: Gli Egizi utilizzavano il miele per le sue proprietà curative, impiegandolo in varie preparazioni mediche. Era anche usato nel processo di mummificazione per le sue proprietà conservanti.

Grecia Antica:

Alimentazione e Medicina: Nella Grecia antica, il miele era largamente consumato, sia puro sia come componente in molti piatti. Ippocrate, il padre della medicina, prescriveva il miele per una varietà di disturbi.

Cultura e Mitologia: Il miele aveva anche un significato culturale e spirituale, associato all'abbondanza e alla salute, e legato a divinità come Artemide e Apollo.

Roma Antica:

Cucina e Conservazione:

A Roma, il miele era utilizzato per dolcificare cibi e bevande e per conservare frutta e altri alimenti. Era un ingrediente comune nelle ricette di Apicio, un noto cuoco romano.

Cosmetica e Cura del Corpo:

Il miele era anche apprezzato per le sue proprietà cosmetiche, usato in trattamenti per la pelle e i capelli.

Applicazioni Variegate:

In tutte queste culture, il miele era apprezzato non solo per il suo sapore, ma anche per le sue proprietà antibatteriche e antinfiammatorie. Era un rimedio comune per ferite e malattie e aveva un ruolo importante nella conservazione degli alimenti.

Apicoltura e Commercio:

Queste civiltà non solo consumavano miele, ma praticavano anche l'apicoltura, con metodologie che si sono evolute nel tempo. Il miele era talvolta una merce preziosa nel commercio tra diverse regioni.

Eredità Culturale:

L'eredità del miele nelle civiltà antiche ha lasciato un segno indelebile nella storia dell'alimentazione e della medicina, influenzando le pratiche successive in tutto il mondo.

Come Possiamo Contribuire alla Salvaguardia delle Api e dell'Ambiente.

Creazione di Habitat Amichevoli per le Api:

Piantare nel proprio giardino o balcone fiori e piante che attirano le api, come lavanda, salvia, trifoglio ed erica, per fornire loro nutrimento.

Evitare l'uso di pesticidi e insetticidi nel proprio giardino, preferendo metodi di controllo dei parassiti più naturali e sicuri per le api.

Supporto agli Apicoltori Locali e al Miele Sostenibile:

Acquistare miele e prodotti delle api da apicoltori locali che praticano metodi di apicoltura sostenibile.

Sostenere le iniziative locali che promuovono la salvaguardia delle api e la biodiversità.

Educazione e Sensibilizzazione:

Informarsi e diffondere consapevolezza sui problemi che affrontano le api e l'importanza della loro salvaguardia.

Partecipare o organizzare eventi educativi e iniziative comunitarie focalizzate sulla conservazione delle api.

Sostegno alla Ricerca e alle Iniziative di Conservazione:

Donare o sostenere organizzazioni e progetti di ricerca che lavorano per proteggere le api e migliorare le pratiche di apicoltura.

Partecipare a programmi di citizen science per monitorare la salute e il comportamento delle api

Pratiche di Consumo Responsabile:

Preferire prodotti biologici e da agricoltura sostenibile che non impiegano pratiche dannose per le api.

Ridurre l'impatto personale sull'ambiente attraverso pratiche come il riciclo, la riduzione degli sprechi e la scelta di fonti energetiche rinnovabili.

Creazione di Politiche Favorevoli:

Incoraggiare i politici locali e nazionali a implementare leggi e regolamentazioni che proteggano le api, come restrizioni sull'uso di pesticidi nocivi e promozione dell'agricoltura sostenibile.

Questi suggerimenti offrono ai lettori modi pratici e concreti per contribuire alla salvaguardia delle api e dell'ambiente. Questa sezione può essere ampliata con esempi specifici, storie di successo e risorse utili per incoraggiare un impegno attivo nella protezione delle api.

Miele, la Salute Umana e l'Ambiente

Il miele è molto più di un semplice dolcificante naturale. La sua esistenza e produzione sono profondamente intrecciate con la salute del nostro pianeta e con il benessere dell'umanità.

Simbiosi tra Api e Umani:

Il miele rappresenta un legame unico tra gli esseri umani e la natura. Le api, attraverso il loro lavoro di impollinazione e produzione di miele, sostengono non solo la biodiversità degli ecosistemi, ma anche le basi dell'agricoltura e della produzione alimentare su cui si fonda la nostra società.

Indicatore di Salute Ambientale:

La presenza di api floride e la produzione di miele di alta qualità sono indicatori di un ambiente sano. Proteggere le api e i loro habitat significa proteggere e preservare la qualità dell'ambiente in cui viviamo.

Benefici Nutrizionali e Medicinali:

Il miele, nella sua purezza e varietà, offre benefici nutrizionali e medicinali significativi. Dalle sue proprietà antibatteriche e antiossidanti alla sua capacità di sostegno immunitario, il miele è un esempio di come la natura possa fornire potenti rimedi.

Responsabilità e Sostenibilità:

Come consumatori e custodi del pianeta, abbiamo la responsabilità di sostenere pratiche sostenibili che proteggano le api e gli ambienti naturali. Scegliendo prodotti biologici, supportando l'apicoltura sostenibile e adottando pratiche eco-compatibili, possiamo contribuire a un futuro più sano sia per le api che per noi stessi.

Unione tra Conservazione e Salute:

La salvaguardia delle api e la promozione di un ambiente sano sono inestricabilmente legate al nostro benessere. Un ambiente ricco di biodiversità, in cui le api possono prosperare, è fondamentale per la produzione di un miele di qualità e per il mantenimento di un ecosistema salubre che beneficia tutti gli esseri viventi.

Questa conclusione del capitolo mira a rafforzare la connessione tra la salute umana, la qualità del miele e la salute dell'ambiente, sottolineando l'importanza di un approccio olistico alla conservazione e al consumo responsabile. Puoi arricchirla con riflessioni personali, citazioni di esperti e un invito all'azione per i lettori.

Usi e Significati del Miele in Diverse Culture

Asia:

Medicina Ayurvedica:

In India, il miele è un elemento chiave nella medicina ayurvedica, usato per trattare una varietà di disturbi, da squilibri digestivi a problemi respiratori.

Cucina Tradizionale:

In molti paesi asiatici, il miele è utilizzato in cucina per equilibrare i sapori e come ingrediente in dolci tradizionali.

Africa:

Riti e Tradizioni:

In molte culture africane, il miele ha un significato rituale, spesso utilizzato in cerimonie di passaggio o come offerta agli spiriti.

Apicoltura Tradizionale:

L'apicoltura tradizionale è praticata in diverse parti dell'Africa, con tecniche uniche che rispettano l'ambiente e le api.

Americhe:

Prima dell'Arrivo delle Api Europee:

Prima dell'introduzione delle api europee, le popolazioni indigene delle Americhe utilizzavano dolcificanti alternativi, come il miele d'agave.

Usi Moderni e Tradizionali:

Nelle Americhe moderne, il miele è apprezzato sia nella cucina moderna sia nelle tradizioni indigene, dove è spesso associato alla salute e alla guarigione naturale.

Europa:

Folclore e Tradizioni:

Il miele gioca un ruolo importante nel folclore europeo, simboleggiando abbondanza e felicità.

Cucina e Feste:

In molte culture europee, il miele è un ingrediente tradizionale in dolci festivi e viene usato in varie ricette, da salse a bevande.

Medio Oriente:

Cucina e Cultura: Il miele è largamente impiegato in piatti dolci e salati e in molte bevande tradizionali.

Simbolismo Spirituale: Nelle culture del Medio Oriente, il miele è spesso associato alla dolcezza della vita e alla saggezza.

Oceania:

Miele di Manuka: In Nuova Zelanda, il miele di Manuka è noto per le sue proprietà medicinali uniche.

Pratiche Apistiche:

Le pratiche apistiche in Australia e Nuova Zelanda sono tra le più avanzate e sostenibili al mondo.

Tradizioni e Riti in cui il Miele ha un Ruolo Centrale

Matrimoni e Celebrazioni d'Amore:

In molte culture, il miele è simbolo di dolcezza e amore. Per esempio, nella tradizione indù, durante la cerimonia del matrimonio, il miele è spesso scambiato tra gli sposi come segno di dolcezza nel loro futuro insieme.

Riti Religiosi e Spirituali:

Nella tradizione ebraica, il miele è consumato durante Rosh Hashanah per simboleggiare l'auspicio di un anno dolce e prospero.

Nel Cristianesimo, in alcune tradizioni, il miele è usato nella preparazione dell'acqua battesimale o come parte delle offerte.

Feste e Celebrazioni di Raccolto:

In varie culture agrarie, il miele è celebrato durante le feste di raccolto come simbolo di abbondanza e gratitudine per i frutti della terra.

Riti di Guarigione e Medicina Tradizionale:

In diverse pratiche di medicina tradizionale, come l'Ayurveda e la medicina tradizionale cinese, il miele è usato in rituali di guarigione e come componente essenziale in molti rimedi.

Iniziazioni e Cerimonie di Passaggio:

Alcune culture utilizzano il miele in cerimonie di passaggio per i giovani, come simbolo di transizione verso la maturità e la saggezza.

Celebrazioni di Nuova Vita e Nascite:

In alcune tradizioni, il miele è offerto in occasioni di nascita o battesimi come desiderio di una vita dolce e prospera per il neonato.

Riti Funerari e Commemorativi:

In alcune culture, il miele è parte di riti funerari o commemorativi, usato per onorare i defunti e augurare loro un viaggio dolce nell'aldilà.

Miele come Collegamento con la Natura:

In molti riti pagani e indigeni, il miele è utilizzato per celebrare e onorare la natura e le stagioni, riconoscendo il ruolo delle api nell'ecosistema.

Questa sezione del libro evidenzia il ruolo versatile e significativo del miele nelle varie tradizioni culturali e rituali, mostrando come sia stato un simbolo importante di amore, vita, guarigione e connessione con il sacro e la natura. Puoi arricchirla con esempi specifici, descrizioni dettagliate dei rituali e immagini evocative.

Storia dell'Apicoltura: Dalla Raccolta Selvaggia alle Tecniche Moderne

Raccolta Selvaggia del Miele:

Nelle prime fasi della storia umana, la raccolta del miele avveniva in modo selvaggio. Gli uomini raccoglievano il miele dagli alveari naturali situati nelle foreste o nelle cavità degli alberi, come dimostrato da antiche pitture rupestri.

Prime Tecniche di Apicoltura:

Le prime forme di apicoltura organizzata si svilupparono in diverse civiltà antiche, come in Egitto, dove venivano utilizzati vasi di terracotta o canne di bambù come arnie.

Evoluzione nell'Antica Grecia e Roma:

Nell'antica Grecia e Roma, l'apicoltura era una pratica comune e rispettata. I Greci e i Romani migliorarono le tecniche di gestione delle api e iniziarono a comprendere meglio i loro comportamenti.

Innovazioni nel Medioevo:

Nel Medioevo, l'apicoltura era spesso praticata nei monasteri, dove si svilupparono nuove tecniche e attrezzature, come le prime arnie mobili.

Rivoluzione nell'Apicoltura con Lorenzo L. Langstroth:

Nel XIX secolo, l'americano Lorenzo L. Langstroth inventò l'arnia moderna con telai mobili, rivoluzionando l'apicoltura e permettendo un'ispezione più facile e una raccolta più efficiente del miele.

Apicoltura Industriale e Problemi Moderni:

Nel XX e XXI secolo, l'apicoltura è diventata più industriale. Tuttavia, questo ha portato anche a nuove sfide, come il declino delle popolazioni di api a causa di pesticidi, malattie e cambiamenti ambientali.

Tendenze Recenti e Apicoltura Sostenibile:

Recentemente, si è osservato un rinnovato interesse per pratiche di apicoltura sostenibili e rispettose delle api, con un focus sulla conservazione delle specie e sull'apicoltura urbana.

Il Futuro dell'Apicoltura:

Guardando al futuro, l'apicoltura si sta evolvendo con nuove tecnologie e approcci per garantire la salute delle api e la produzione sostenibile di miele.

Questa sezione del libro offre una panoramica completa dell'evoluzione dell'apicoltura, mostrando come le pratiche e le tecniche si siano sviluppate nel corso dei secoli. Puoi arricchire il testo con immagini storiche, citazioni di documenti antichi ed esempi di innovazioni moderne nell'apicoltura.

Innovazioni e Cambiamenti nelle Tecniche di Apicoltura

Primi Metodi di Apicoltura:

Nelle civiltà antiche, l'apicoltura era praticata utilizzando metodi semplici, come tronchi cavi o cesti di paglia, per ospitare le colonie di api.

Arnie Fisse vs Mobili:

Un grande cambiamento nelle pratiche apistiche si è verificato con l'introduzione delle arnie mobili. Prima di ciò, le arnie fisse rendevano difficile l'estrazione del miele senza danneggiare la colonia.

Rivoluzione con Lorenzo L. Langstroth:

Nel 1851, Lorenzo L. Langstroth, un apicoltore americano, brevettò l'arnia moderna con telai mobili, permettendo un'ispezione e una raccolta del miele più facili e meno invasive per le api.

Sviluppi nel XX Secolo:

Nel corso del XX secolo, sono state introdotte diverse innovazioni, come l'estrattore centrifugo del miele, che ha rivoluzionato il processo di estrazione.

Apicoltura Urbana e Moderna:

Recentemente, l'apicoltura urbana è diventata popolare, con l'uso di tetti e spazi urbani per l'allevamento delle api, aiutando a sensibilizzare sulla loro importanza e a migliorare la biodiversità urbana.

Tecnologie e Monitoraggio:

L'adozione di tecnologie moderne come il monitoraggio remoto delle arnie, l'uso di app per tracciare la salute delle colonie e sistemi automatizzati per la gestione delle api sta trasformando l'apicoltura.

Pratiche Sostenibili:

Un'enfasi crescente sulla sostenibilità ha portato a pratiche come l'apicoltura naturale, che cerca di mimare il più possibile le condizioni naturali delle api, riducendo l'uso di trattamenti chimici.

Sfide e Risposte:

Le sfide moderne, come il declino delle popolazioni di api, hanno spinto a ricerche e innovazioni mirate a migliorare la salute delle api e la resilienza delle colonie.

Questa sezione del libro mette in luce come l'apicoltura sia una pratica in continua evoluzione, con una storia di adattamenti e miglioramenti che hanno contribuito non solo alla produzione di miele, ma anche alla conservazione delle api. Puoi includere esempi specifici di innovazioni, immagini delle varie tipologie di arnie e citazioni da esperti nel campo dell'apicoltura.

Il Miele nelle Festività e Celebrazioni

Matrimoni:

Nel matrimonio indù, il miele viene usato in un rito chiamato "Madhuparka", dove lo sposo condivide il miele con la sposa, simboleggiando la dolcezza della vita coniugale.

Nella tradizione ortodossa cristiana, gli sposi spesso gustano il miele durante la cerimonia del matrimonio, simboleggiando la speranza di una vita dolce insieme.

Capodanno e Festività di Inizio Anno:

Durante Rosh Hashanah, il Capodanno ebraico, è tradizione immergere le mele nel miele per augurare un anno dolce e prospero.

In molte culture, il miele è presente nelle tavole festive di Capodanno come augurio di dolcezza e buona fortuna per l'anno a venire.

Festività Religiose:

Nella tradizione cristiana, in particolare in alcune culture ortodosse, il miele è benedetto nelle chiese durante la festa dell'Assunzione di Maria, simboleggiando la dolcezza del paradiso.

Nel buddismo, il miele è spesso usato in offerte e cerimonie, come segno di compassione e generosità.

Celebrazioni di Raccolto:

In molte culture agricole, il miele gioca un ruolo centrale nelle celebrazioni di raccolto, riconoscendo l'importanza delle api nella produzione agricola.

Feste Tradizionali Locali:

In alcune regioni, esistono feste locali dedicate specificamente al miele e alle api, dove il miele è celebrato attraverso degustazioni, fiere e concorsi.

Riti di Guarigione e Ringraziamento:

In alcune pratiche spirituali e tradizioni indigene, il miele è usato in riti di guarigione o come offerta di ringraziamento alla natura.

Usi Culinari in Occasioni Speciali:

Durante le festività, in molte culture il miele è un ingrediente chiave in piatti e dolci tradizionali, simbolo di festa e celebrazione.

Questa sezione del libro evidenzierà il ruolo multifacettato del miele nelle celebrazioni e nelle tradizioni culturali, mostrando come sia stato un simbolo di gioia, benedizione e prosperità in molteplici contesti. Puoi arricchirla con descrizioni dettagliate di specifiche celebrazioni, ricette tradizionali e fotografie colorate di queste festività.

Ricette Tradizionali a Base di Miele per Occasioni Speciali

Baklava (Medio Oriente e Balcani):

Una dolce pasticceria fatta di strati di pasta filo, riempita di noci tritate e dolcificata con sciroppo di miele. È un dessert tradizionale in occasioni festive come matrimoni e festività religiose.

Teiglach (Cucina Ebraica):

Piccoli dolcetti di pasta cotti in uno sciroppo di miele e spezie, spesso preparati per Rosh Hashanah e altre festività ebraiche.

Lebkuchen (Germania):

Un tipo di biscotto speziato, simile allo zenzero, dolcificato con miele. Tradizionalmente preparato per Natale nelle regioni tedescofone.

Makowki (Polonia):

Un piatto tradizionale polacco di Natale, composto da semi di papavero, noci, frutta secca, pane o pasta e miele.

Tiganites (Grecia):

Pancakes greci antichi, spesso serviti con miele e noci. Sono un piatto popolare durante le celebrazioni religiose e le festività.

Pão de Mel (Brasile):

Un dolce brasiliano simile a un pan di zenzero, immerso nel cioccolato e farcito con dolce di latte o marmellata, spesso servito in occasioni speciali.

Medovik (Russia):

Una torta al miele, composta da diversi strati sottili di torta al miele e crema. È un classico delle feste e delle celebrazioni in Russia.

Tupí (Sud America):

Un dessert tradizionale preparato con miele, mandioca e formaggio, spesso servito durante festival e celebrazioni.

Questa sezione del libro offre ai lettori un assaggio delle tradizioni culinarie di tutto il mondo, mostrando come il miele sia stato utilizzato in maniera creativa e diversificata in ricette per occasioni speciali. Puoi includere dettagli sulle origini di ogni piatto, suggerimenti per la preparazione e fotografie che catturano l'essenza di queste delizie.

FOTO DEI DOLCI

Uso del Miele nella Medicina Tradizionale di Diverse Culture

Medicina Ayurvedica (India):

Nel sistema ayurvedico, il miele è considerato un portatore di erbe, migliorando l'efficacia dei trattamenti a base di erbe. È utilizzato per trattare una vasta gamma di disturbi, da problemi digestivi a infezioni respiratorie.

Medicina Tradizionale Cinese:

In Cina, il miele è spesso usato per nutrire il "Yin" e come tonico, in particolare per trattare la secchezza della gola e della pelle. È anche utilizzato per armonizzare e bilanciare altri ingredienti in una formula.

Pratiche di Guarigione Africane:

In molte culture africane, il miele è usato per le sue proprietà antibatteriche e antinfiammatorie, applicato esternamente su ferite e ustioni, e consumato internamente per migliorare la salute digestiva e immunitaria.

Uso del Miele nell'Europa Medievale:

Nel Medioevo europeo, il miele era un ingrediente chiave in molti rimedi, utilizzato per trattare tutto, dalle infezioni oculari alle malattie di stomaco. Era anche un conservante popolare per le erbe medicinali.

Rimedi Indigeni nelle Americhe:

Prima dell'arrivo delle api europee, alcune culture indigene delle Americhe utilizzavano il miele prodotto da api native per le sue proprietà medicinali, come il trattamento delle infezioni della pelle e delle ferite.

Tradizioni Giapponesi e Coreane:

In Giappone e Corea, il miele è stato tradizionalmente usato per migliorare l'energia e come rimedio per raffreddore e tosse, spesso mescolato con altri ingredienti naturali.

Usi Spirituali e Medicinali nel Medio Oriente:

Nella medicina tradizionale del Medio Oriente, il miele è spesso usato in combinazione con spezie ed erbe per trattare una varietà di disturbi, da problemi digestivi a condizioni respiratorie.

Questa sezione del libro fornisce un'ampia panoramica di come il miele sia stato utilizzato in diverse tradizioni mediche in tutto il mondo, sottolineando la sua versatilità e importanza storica come rimedio naturale. Puoi includere ricette specifiche, citazioni di testi antichi e aneddoti per arricchire il contenuto.

Riti e Pratiche che Incorporano il Miele per il Benessere Fisico e Spirituale

Rituale Ayurvedico del Miele:

Nella tradizione ayurvedica, il miele è usato in diversi rituali mattutini. Consumare una piccola quantità di miele puro al mattino è ritenuto benefico per la salute generale e il benessere.

Cerimonie di Guarigione con il Miele:

In alcune pratiche di guarigione indigene e sciamaniche, il miele è utilizzato in riti di purificazione e guarigione. Viene spesso applicato sulla pelle o consumato per le sue proprietà purificanti e rigeneranti.

Miele nei Riti Spirituali e Religiosi:

In molte culture, il miele è parte integrante dei riti religiosi. Per esempio, nel cristianesimo ortodosso, il miele è benedetto e consumato in certe festività come simbolo di dolcezza e prosperità.

Meditazione e Pratiche di Mindfulness con il Miele:

Il miele può essere utilizzato in pratiche di meditazione e mindfulness, dove il suo sapore dolce e la sua texture ricca sono utilizzati per centrare e calmare la mente.

Uso del Miele nelle Terapie Olistiche:

Terapie olistiche come l'aromaterapia e la fitoterapia spesso incorporano il miele, sia come ingrediente nei rimedi sia come parte di rituali di rilassamento e benessere.

Riti di Rinnovamento e Celebrazione:

In alcune tradizioni culturali, il miele è usato in riti che segnano passaggi importanti della vita, come nascite, matrimoni e anniversari, per augurare salute, felicità e lunga vita.

Pratiche di Yoga e Ayurveda con il Miele:

Nel contesto dello yoga e dell'Ayurveda, il miele è a volte incorporato in pratiche dietetiche e di purificazione, considerato benefico per equilibrare il corpo e la mente.

Questa sezione del libro illustra il ruolo unico del miele in vari riti e pratiche che mirano al benessere fisico e spirituale, evidenziando come questa sostanza naturale sia stata valorizzata in molteplici contesti culturali e spirituali. Puoi arricchire il contenuto con descrizioni dettagliate di specifici rituali, citazioni da testi religiosi o spirituali e testimonianze personali.

Capitolo 7: Varietà di Miele nel Mondo

Descrizione delle Diverse Varietà di Miele Prodotte in Tutto il Mondo

Miele di Acacia (Europa e Nord America):

Di colore chiaro, quasi trasparente, con un sapore delicato e dolce. È ideale per dolcificare senza alterare il gusto degli alimenti.

Miele di Manuka (Nuova Zelanda):

Unico per le sue proprietà antibatteriche superiori. Ha un colore scuro e un sapore ricco e forte. È spesso usato per scopi medicinali.

Miele di Eucalipto (Australia e California):

Con un sapore distintivo che ricorda il caramello e note leggermente erbacee. È noto per le sue proprietà benefiche sulla salute respiratoria.

Miele di Castagno (Europa):

Di colore ambrato scuro, ha un sapore forte, leggermente amaro. Ricco di minerali, è apprezzato per le sue qualità toniche e digestive.

Miele di Fiori d'Arancio (Mediterraneo California)

Dal colore chiaro e dal sapore fruttato e floreale. È spesso usato in pasticceria e per dolcificare le bevande.

Miele di Tualang (Sud-est Asiatico):

Raccolto dalle alte alberature della giungla, ha un colore scuro e un sapore complesso e robusto. È noto per le sue proprietà antiossidanti e terapeutiche.

Miele di Sidro (Medio Oriente):

Proveniente dal nettare dei fiori di Sidr, è molto apprezzato per le sue proprietà nutrizionali e medicinali. Ha un sapore ricco e un colore ambrato.

Miele di Lavanda (Europa, principalmente Francia e Spagna):

Con un profumo distintivo di lavanda e un sapore floreale. È spesso usato per le sue qualità calmanti e rilassanti.

Miele di Heather (Scozia e Inghilterra):

Di colore ambrato scuro, con una consistenza gelatinosa e un sapore leggermente amaro. È noto per le sue proprietà antiossidanti.

Miele di Tupelo (Sud-est degli Stati Uniti):

Unico per il suo alto contenuto di fruttosio che lo rende meno incline a cristallizzare. Ha un colore chiaro e un sapore dolce e burroso.

Questa sezione del libro fornisce un tour delle varietà di miele in tutto il mondo, mostrando la diversità e la ricchezza di questo alimento naturale. Puoi arricchire il testo con informazioni sulle regioni di produzione, le caratteristiche botaniche e gli usi culinari o medicinali di ogni tipo di miele.

Caratteristiche Uniche e Usi Culinari Specifici di Ogni Tipo di Miele

Miele di Acacia:

Caratteristiche:

Chiaro e quasi trasparente, con un gusto delicato e dolce.

Usi Culinari:

Perfetto per dolcificare tè e caffè senza alterarne il sapore, o per preparare dolci delicati.

Miele di Manuka:

Caratteristiche:

Scuro e ricco, con proprietà antibatteriche uniche.

Usi Culinari: Usato principalmente per scopi medicinali, ma può essere aggiunto a yogurt o frullati per un tocco di sapore e benessere.

Miele di Eucalipto:

Caratteristiche:

Gusto distintivo che ricorda il caramello con note erbacee.

Usi Culinari: Ottimo in marinature per carni o come condimento per dolci.

Miele di Castagno:

Caratteristiche:

Ambrato scuro, sapore forte e leggermente amaro.

Usi Culinari: Ideale in abbinamento con formaggi stagionati o come ingrediente in ricette di pane e dolci.

Miele di Fiori d'Arancio:

Caratteristiche:

Chiaro, con sapore fruttato e floreale.

Usi Culinari:

Eccellente in pasticceria e per dolcificare bevande come tè e cocktail.

Miele di Tualang:

Caratteristiche:

Scuro con un sapore complesso e robusto.

Usi Culinari:

Utilizzato in medicina tradizionale; può essere un interessante contrasto in piatti salati o dessert.

Miele di Sidro:

Caratteristiche:

Ambrato, ricco e nutriente.

Usi Culinari: Ottimo per preparazioni mediche o consumato puro come tonico.

Miele di Lavanda:

Caratteristiche:

Profumato, con note di lavanda.

Usi Culinari:

Ideale per creare glasse per dolci, aggiungere a tè o infusi, o come condimento per insalate di frutta.

Miele di Heather:

Caratteristiche:

Ambrato scuro, consistenza gelatinosa e leggermente amaro.

Usi Culinari: Adatto a marinature di carne o come base per salse e condimenti.

Miele di Tupelo:

Caratteristiche:

Alto contenuto di fruttosio, colore chiaro e sapore dolce e burroso.

Usi Culinari:

Perfetto per dolcificare senza cristallizzare, ideale per la pasticceria e per condire frutta fresca.

Questa sezione del libro illustra le peculiarità di ciascun tipo di miele e suggerisce modi creativi per incorporarli in varie ricette, enfatizzando la versatilità del miele in cucina. Puoi arricchire il testo con suggerimenti pratici, aneddoti culinari e consigli per abbinamenti di sapori.

Capitolo 8: Il Miele nella Cucina Internazionale

Ricette Tradizionali da Varie Parti del Mondo che Utilizzano il Miele

Baklava (Medio Oriente e Balcani):

Un dolce fatto di strati di pasta filo, ripieni di noci tritate e imbevuti di sciroppo di miele. È una prelibatezza in molti paesi del Medio Oriente.

Soba (Giappone):

Noodles di grano saraceno serviti con una salsa dolce a base di miele e soia. È un piatto popolare in Giappone, spesso consumato durante il periodo di Capodanno.

Melomakarona (Grecia):

Biscotti tradizionali greci, tipicamente preparati durante le festività natalizie. Sono aromatizzati con spezie e immersi in uno sciroppo di miele.

Pain d'épices (Francia):

Un pane dolce speziato, simile al gingerbread, con una generosa quantità di miele. È una specialità tradizionale in alcune regioni francesi.

Turrón (Spagna):

Un dolce natalizio a base di mandorle, miele e albume d'uovo. Viene preparato tradizionalmente in varie regioni della Spagna.

Barfi al Miele (India):

Un dolce indiano fatto con latte condensato, zucchero e miele, spesso aromatizzato con cardamomo o frutta secca. È popolare durante le festività e le celebrazioni.

Kvæfjordkake (Norvegia):

Conosciuta come la "migliore torta del mondo" in Norvegia, questa torta è composta da strati di pan di Spagna al miele, crema chantilly e meringa croccante.

Jericalla (Messico):

Un dessert simile al flan, preparato con latte, uova, vaniglia e dolcificato con miele. È un dolce tradizionale di Guadalajara, in Messico.

Queste ricette mostrano la versatilità del miele nella cucina mondiale, variando da dolci a piatti salati. Puoi includere le istruzioni dettagliate per ogni ricetta, consigli per la presentazione e informazioni sulle tradizioni culturali associate a ciascun piatto.

Modi in cui il Miele viene Usato in Cucine Diverse da quella Italiana

Cucina Mediorientale:

Il miele è spesso usato per dolcificare piatti come il Baklava e per marinare carni come l'agnello, aggiungendo una dolcezza ricca e complessa.

Cucina Asiatica:

Nella cucina cinese, il miele è utilizzato in piatti come il "Pollo al miele" e in diverse salse. In Giappone, è spesso usato per addolcire dolci come il dorayaki.

Cucina Indiana:

Il miele trova posto in salse e chutney, oltre a essere un ingrediente comune in dolci come il barfi al miele e nelle bevande come il masala chai.

Cucina Nordafricana:

Nella cucina marocchina, il miele è un ingrediente chiave in piatti come il pastilla, che combina dolce e salato, e in vari dolci a base di mandorle e frutta secca.

Cucina Americana:

Negli Stati Uniti, il miele è utilizzato in una vasta gamma di preparazioni, dalle salse barbecue a glasse per dolci, e come dolcificante naturale in bevande e frullati.

Cucina Francese:

In Francia, il miele è spesso utilizzato nella pasticceria, come nel pain d'épices, e per creare salse dolci per piatti di carne o formaggi.

Cucina Greca:

Il miele è un elemento essenziale nella cucina greca, usato per dolci come il melomakarona e il baklava, oltre a essere servito con yogurt e frutta fresca.

Cucina Tedesca e dell'Europa Centrale:

In Germania, il miele è spesso utilizzato in pani e torte speziate, come il Lebkuchen, e in bevande calde durante i mesi invernali.

Questa sezione del libro fornisce un'ampia panoramica di come il miele venga utilizzato in diverse cucine mondiali, mettendo in evidenza il suo ruolo versatile come ingrediente che può arricchire sia piatti dolci sia salati. Puoi includere ricette esemplificative, consigli di abbinamento e curiosità culturali legate all'uso del miele.

Capitolo 9: Miele e Gastronomia Moderna

L'Uso Innovativo del Miele nella Cucina Contemporanea e Gourmet

Miele in Salse e Condimenti:

Chef contemporanei utilizzano il miele per creare salse uniche, combinandolo con ingredienti come senape, balsamico, o spezie esotiche, per bilanciare il dolce con l'acido, il piccante o l'umami.

Miele in Tecniche di Sottovuoto e Sous-vide:

Nella cottura sous-vide, il miele è usato per marinare carni e pesci, conferendo loro sapori complessi e una texture succosa.

Miele in Dessert Creativi:

Nella pasticceria moderna, il miele è usato non solo come dolcificante ma anche per la sua capacità di aggiungere strati di sapore. Esempi includono mousses al miele, gelati artigianali, e dolci destrutturati.

Miele nei Piatti Salati:

Gli chef stanno esplorando l'uso del miele in piatti salati, come glasse per carni arrosto o addirittura in piatti a base di pesce, creando contrasti intriganti di sapore.

Cocktail e Bevande al Miele:

Il miele sta diventando un ingrediente popolare nei cocktail, sia come dolcificante naturale sia per la sua capacità di aggiungere complessità e profondità ai drink.

Fermentazione con Miele:

Alcuni chef sperimentano con la fermentazione del miele per creare condimenti e additivi unici, come il miele fermentato, che aggiunge una nota acida e complessa ai piatti.

Abbinamenti Inaspettati:

Il miele viene abbinato a ingredienti inaspettati, come formaggi stagionati, tartufi, o persino ostriche, per creare esperienze gastronomiche memorabili.

Presentazione e Design del Piatto:

Nella presentazione dei piatti, il miele è utilizzato per la sua consistenza e lucentezza, aggiungendo un tocco elegante e raffinato al design del piatto.

Questa sezione del libro illustra come il miele sia diventato un ingrediente chiave nella cucina gourmet, utilizzato per la sua versatilità e la capacità di arricchire un'ampia varietà di piatti. Puoi includere esempi di ricette innovative, citazioni di chef famosi e spunti creativi per l'uso del miele in cucina.

Collaborazioni tra Chef e Apicoltori per Creare Piatti Unici

Farm-to-Table e Apiarie Urbane:

Alcuni chef lavorano con apicoltori urbani per sfruttare il miele fresco e locale nei loro menu, valorizzando la filosofia del farm-to-table e sostenendo la produzione sostenibile di miele.

Menu Personalizzati Basati sul Miele:

Attraverso la collaborazione diretta con apicoltori, gli chef stanno creando menu degustazione che ruotano attorno alle diverse varietà di miele, esplorando le sfumature di sapore specifiche di ciascuna varietà.

Eventi Gastronomici a Tema Apistico:

Chef e apicoltori spesso collaborano per organizzare eventi speciali o cene a tema, dove i piatti sono creati per abbinarsi o mettere in risalto le diverse note del miele.

Esplorazione di Varie Terroir di Miele:

In alcune regioni, il terroir influisce significativamente sul sapore del miele. Chef e apicoltori esplorano queste differenze, creando piatti che riflettono il paesaggio e l'ambiente delle api.

Workshop Educativi e Degustazioni:

Chef e apicoltori collaborano per educare il pubblico sulle varietà di miele e sui metodi di produzione sostenibile, spesso attraverso workshop di cucina e degustazioni.

Sviluppo di Prodotti Alimentari Innovativi:

Queste collaborazioni possono anche portare allo sviluppo di nuovi prodotti alimentari, come salse, condimenti, o dessert basati su specifiche varietà di miele e tecniche apistiche.

Promozione della Biodiversità e Sostenibilità:

Attraverso queste collaborazioni, gli chef e gli apicoltori lavorano insieme non solo per creare piatti unici, ma anche per promuovere pratiche sostenibili e la conservazione delle api.

Questa sezione del libro evidenzia l'importanza delle collaborazioni tra i professionisti della cucina e dell'apicoltura, mostrando come il miele possa essere una fonte di ispirazione culinaria e un veicolo per pratiche sostenibili e consapevoli. Puoi includere storie di successo, citazioni da chef e apicoltori e dettagli sui piatti creati attraverso queste collaborazioni.

Capitolo 10: Il Processo di Raccolta e Produzione del Miele

Descrizione Dettagliata del Processo di Raccolta e Lavorazione del Miele

Raccolta del Nettare dalle Api:

Il processo inizia con le api che raccolgono il nettare dai fiori. Utilizzano la loro lingua per estrarre il nettare, che viene poi conservato nelle loro sacche addominali.

Ritorno all'Alveare e Deposito del Nettare:

Al ritorno all'alveare, le api trasferiscono il nettare ad altre api operaie attraverso un processo di "passaggio bocca a bocca". Queste api depositano il nettare nelle celle dei favi.

Conversione in Miele:

Le api operaie lavorano per convertire il nettare in miele. Questo avviene attraverso la riduzione del contenuto d'acqua del nettare e l'aggiunta di enzimi che trasformano gli zuccheri complessi in zuccheri più semplici.

Maturazione del Miele:

Una volta che il miele ha raggiunto il giusto livello di densità, le api sigillano la cella del favo con una cera prodotta dalle loro ghiandole. Questo permette al miele di maturare.

Raccolta dell'Apicoltore:

Gli apicoltori raccolgono i favi una volta che il miele è maturo. Questo viene fatto con cura per non danneggiare le api o l'alveare.

Estrazione del Miele:

I favi vengono inseriti in un estrattore centrifugo, che utilizza la forza centrifuga per estrarre il miele dalle celle senza distruggerle.

Filtrazione e Purificazione:

Il miele estratto viene poi filtrato per rimuovere impurità come pezzi di cera o altri detriti. Alcuni apicoltori possono scegliere di filtrare ulteriormente il miele per ottenere un prodotto più limpido.

Imbottigliamento e Conservazione:

Infine, il miele viene imbottigliato. Un buon miele non necessita di conservanti grazie al suo alto contenuto di zucchero e basso livello di umidità, che inibiscono la crescita di batteri e muffe.

Questa sezione del libro offre un'immersione nel mondo dell'apicoltura, mostrando ai lettori ogni passaggio che trasforma il nettare in miele. Puoi includere dettagli tecnici, curiosità e anche le sfide che gli apicoltori affrontano durante questo processo.

Differenze tra il Miele Crudo e quello Processato

Definizione e Produzione:

Miele Crudo:

È miele non sottoposto a processi di riscaldamento o filtrazione significativi. Viene estratto direttamente dai favi e può subire una leggera filtrazione per rimuovere detriti come pezzi di cera.

Miele Processato:

Questo miele viene riscaldato (pasteurizzato) e filtrato intensamente per rimuovere impurità, cristalli e potenzialmente anche particelle di polline

Aspetto e Consistenza:

Miele Crudo:

Tende ad avere un aspetto più torbido a causa della presenza di particelle di cera, polline e propoli. Può cristallizzare più rapidamente rispetto al miele processato.

Miele Processato:

È generalmente più chiaro e liscio. La pasteurizzazione e la filtrazione lo rendono meno suscettibile alla cristallizzazione.

Valore Nutrizionale e Proprietà:

Miele Crudo:

Conserva la maggior parte delle sue proprietà naturali, inclusi enzimi, antiossidanti, vitamine e minerali. È noto anche per le sue proprietà antibatteriche e antinfiammatorie.

Miele Processato: Il processo di riscaldamento può ridurre o distruggere alcuni degli enzimi e composti benefici, rendendolo meno ricco dal punto di vista nutrizionale rispetto al miele crudo.

Gusto e Aroma:

Miele Crudo:

Ha un gusto più ricco e un aroma più intenso, che riflettono le caratteristiche floreali specifiche delle piante da cui proviene il nettare.

Miele Processato:

Il riscaldamento può alterare il sapore e l'aroma, rendendo il gusto più uniforme e meno complesso.

Miele Crudo:

Spesso preferito per usi medicinali, in tisane, o consumato direttamente per apprezzarne il sapore autentico. È anche apprezzato nella cucina naturale e biologica.

Miele Processato:

Comunemente usato in cucina e pasticceria, dove un sapore più neutro e una consistenza uniforme sono desiderati.

Conservazione e Stabilità:

Miele Crudo:

Può essere più suscettibile a degradarsi se esposto a umidità e calore. Deve essere conservato in un luogo fresco e asciutto.

Miele Processato:

Ha una maggiore stabilità e durata, grazie alla rimozione di elementi che potrebbero accelerare la degradazione.

Questa sezione del libro illustra le differenze chiave tra il miele crudo e quello processato, aiutando i lettori a comprendere quale tipo di miele sia più adatto alle loro esigenze e preferenze. Puoi includere immagini comparative e suggerimenti su come scegliere il miele in base all'uso previsto.

Capitolo 11: Benefici del Miele per la Pelle e la Bellezza

Uso del Miele nelle Routine di Bellezza e nei Prodotti Cosmetici

Idratante Naturale:

Grazie alla sua capacità di trattenere l'umidità, il miele è un eccellente idratante naturale utilizzato in creme, lozioni e balsami per pelle e capelli.

Trattamento per la Pelle:

Il miele è spesso presente in maschere viso e trattamenti per la pelle per le sue proprietà antibatteriche e antinfiammatorie, che lo rendono efficace contro acne e irritazioni cutanee.

Esfoliante Delicato:

Combinato con altri ingredienti naturali come zucchero o sale marino, il miele diventa un esfoliante delicato che rimuove le cellule morte della pelle, lasciandola morbida e luminosa.

Balsamo per le Labbra:

Il miele è un ingrediente comune nei balsami per le labbra, dove fornisce idratazione e protezione contro gli elementi esterni.

Prodotti per Capelli:

In shampoo e balsami, il miele aiuta a nutrire e riparare i capelli danneggiati, aggiungendo lucentezza e morbidezza.

Prodotti Anti-invecchiamento:

Grazie alla sua ricchezza di antiossidanti, il miele è utilizzato in creme e sieri anti-invecchiamento per aiutare a ridurre le linee sottili e le rughe.

Bagno e Doccia:

In saponi, gel doccia e bombe da bagno, il miele è apprezzato per le sue qualità lenitive e per rendere la pelle morbida e profumata.

Miele in Cosmetica Decorativa:

Alcuni prodotti cosmetici, come fondotinta e ciprie, possono contenere miele per i suoi benefici idratanti e per la capacità di dare alla pelle un aspetto naturale e luminoso.

Questa sezione del libro illustra come il miele sia diventato un componente prezioso nella cosmetica e nella cura della pelle, sottolineando la sua efficacia e versatilità. Puoi includere consigli su come incorporare il miele nelle routine di bellezza quotidiane e suggerimenti per scegliere i prodotti giusti.

Ricette Fai-da-Te per Trattamenti a Base di Miele per la Pelle

Maschera Idratante al Miele:

Ingredienti: 2 cucchiai di miele crudo, 1 cucchiaio di olio d'oliva, succo di mezzo limone.

Istruzioni: Mescola gli ingredienti in una ciotola. Applica la maschera su viso pulito e lascia agire per 15-20 minuti. Risciacqua con acqua tiepida.

Esfoliante Corpo al Miele e Zucchero:

Ingredienti: ½ tazza di miele crudo, ½ tazza di zucchero di canna, ¼ tazza di olio d'oliva.

Istruzioni: Combina gli ingredienti fino a ottenere una pasta. Durante la doccia, applica il composto sulla pelle umida con movimenti circolari, poi risciacqua.

Tonico Viso al Miele e Aceto di Mele:

Ingredienti: 1 cucchiaio di miele crudo, 1 cucchiaio di aceto di mele, 1 tazza di acqua.

Istruzioni: Sciogli il miele nell'acqua e aggiungi l'aceto di mele. Conserva in un flacone e usa con un dischetto di cotone dopo la pulizia del viso.

Balsamo Labbra al Miele:

Ingredienti: 2 cucchiai di miele crudo, 2 cucchiai di olio di cocco, 1 cucchiaio di cera d'api grattugiata.

Istruzioni: Sciogli la cera d'api e l'olio di cocco a bagnomaria, poi aggiungi il miele. Mescola bene e versa in un contenitore. Lascia raffreddare prima dell'uso.

Maschera Capelli Nutriente al Miele:

Ingredienti: ¼ tazza di miele crudo, ¼ tazza di olio d'oliva.

Istruzioni: Mescola gli ingredienti e applica sui capelli umidi. Copri con una cuffia da doccia e lascia agire per 30 minuti. Lava i capelli come al solito.

Queste ricette permettono ai lettori di sfruttare in modo pratico e naturale i benefici del miele per la pelle. Ogni ricetta può essere accompagnata da suggerimenti sulla frequenza di utilizzo e sui tipi di pelle per i quali sono più adatte.

Capitolo 12: Miele e Benessere Mentale

Impatto del Consumo di Miele sulla Salute Mentale e sul Benessere Emotivo

Effetti Rilassanti e Calmanti:

Il miele contiene antiossidanti e composti che possono avere un effetto calmante sul corpo. La sua dolcezza naturale può anche contribuire a creare una sensazione di comfort e benessere, utile per ridurre lo stress.

Miele e Qualità del Sonno:

Consumare una piccola quantità di miele prima di coricarsi può favorire un sonno migliore. Il miele aiuta a stabilizzare i livelli di zucchero nel sangue e stimola la produzione di melatonina, l'ormone del sonno.

Effetti Antiossidanti e Cognitivi:

Gli antiossidanti nel miele, come i flavonoidi, possono avere effetti benefici sulla funzione cerebrale e possono aiutare a proteggere contro il declino cognitivo.

Miele come Umore Booster:

Il consumo moderato di dolci naturali come il miele può aumentare i livelli di serotonina nel cervello, contribuendo a migliorare l'umore e a combattere la depressione.

Miele nella Dieta e Benessere Generale:

Una dieta equilibrata che include alimenti naturali come il miele può avere un impatto positivo sul benessere generale, influenzando positivamente la salute mentale.

Approccio Olistico alla Salute:

Il consumo di miele si inserisce in un approccio olistico alla salute, dove la nutrizione,
l'attività fisica e la gestione dello stress giocano tutti un ruolo nella salute mentale.

Considerazioni di Ricerca e Avvertenze:

Mentre alcune ricerche suggeriscono potenziali benefici, è importante considerare il miele come parte di un regime di salute generale e non come un trattamento specifico per disturbi mentali.

In questa sezione del libro, puoi presentare il miele come un possibile complemento a un approccio di vita sano, sottolineando che non è una cura ma può contribuire positivamente al benessere generale. È utile includere consigli equilibrati, basati su ricerche e considerazioni olistiche.

Miele come Parte di Pratiche di Relax e Meditazione

Aromaterapia con Miele:

L'aroma dolce e naturale del miele può essere utilizzato nell'aromaterapia. Candele o oli essenziali a base di miele possono creare un'atmosfera calmante, ideale per la meditazione o il relax.

Rituali di Tisane al Miele:

Bere una tisana dolcificata con miele può diventare un rituale rilassante, soprattutto prima di momenti di meditazione o prima di coricarsi. Il miele, in combinazione con erbe come camomilla o lavanda, potenzia gli effetti calmanti.

Miele in Pratiche di Mindfulness:

Assaporare lentamente un cucchiaino di miele può essere un esercizio di mindfulness, dove ci si concentra sulle sensazioni, i sapori e gli aromi, portando l'attenzione al momento presente.

Miele in Bagni Rilassanti:

Aggiungere miele all'acqua del bagno può creare un'esperienza lenitiva per la pelle e i sensi. Il miele, per le sue proprietà idratanti e calmanti, rende il bagno un momento di puro relax.

Meditazione su Connessione e Natura:

Riflettere sul processo naturale attraverso il quale il miele viene prodotto può aiutare a creare una connessione più profonda con la natura durante la meditazione, promuovendo sentimenti di pace e gratitudine.

Miele come Simbolo di Dolcezza nella Vita:

Il miele può simboleggiare la ricerca della dolcezza e della gioia nella vita. Meditare con il miele come simbolo può aiutare a focalizzarsi su aspetti positivi e nutrivi dell'esistenza.

Massaggi con Prodotti a Base di Miele:

L'uso di oli o lozioni a base di miele per massaggi rilassanti può aiutare a rilassare il corpo e la mente, grazie alle sue proprietà lenitive e rigeneranti.

Questa sezione del libro offre un approccio innovativo al miele, mostrando come possa essere utilizzato non solo come alimento ma anche come strumento per il benessere mentale e spirituale. Puoi includere suggerimenti pratici e idee per incorporare il miele in queste pratiche di relax e meditazione.

Sfide e Innovazioni nell'Apicoltura

Declino delle Popolazioni di Api

Analisi delle cause del declino delle popolazioni di api, inclusi fattori come cambiamenti climatici, uso di pesticidi, perdita di habitat e malattie come l'acaro Varroa Destructor.

Pratiche di Apicoltura Sostenibile

Discussione su come gli apicoltori stanno adottando pratiche più sostenibili, come la riduzione dell'uso di sostanze chimiche nelle arnie, la promozione della biodiversità e la collaborazione con agricoltori e comunità locali.

Innovazioni Tecnologiche

Esplorazione delle nuove tecnologie impiegate nell'apicoltura, come sistemi di monitoraggio remoto delle arnie, app per la gestione delle apiarie e tecniche avanzate di allevamento delle regine.

Educazione e Sensibilizzazione

Descrizione degli sforzi volti a educare il pubblico sull'importanza delle api, inclusi programmi scolastici, workshop aperti al pubblico e partnership con organizzazioni ambientali.

Apicoltura Urbana

Approfondimento sul crescente fenomeno dell'apicoltura urbana come mezzo per promuovere la biodiversità nelle città e creare maggiore consapevolezza ambientale.

Diversificazione e Nicchia di Mercato

Discussione su come gli apicoltori stanno diversificando i loro prodotti, dall'offerta di varietà di miele speciali alla produzione di prodotti correlati come cera d'api, propoli e polline.

Collaborazioni e Reti di Supporto

Esplorazione delle reti di supporto e collaborazioni tra apicoltori, comunità scientifica e settore agricolo per condividere conoscenze, risorse e pratiche migliori.

Conclusioni: Il Futuro dell'Apicoltura

Riflessioni sulle sfide e sulle opportunità future nell'apicoltura, enfatizzando l'importanza di soluzioni sostenibili e comunitarie per garantire la salute delle api e la produzione di miele.

Questo capitolo mira a fornire una comprensione approfondita delle sfide contemporanee nell'apicoltura e delle strategie innovative adottate dagli apicoltori per affrontarle, sottolineando il ruolo cruciale delle api nell'ecosistema e nella produzione alimentare.

Innovazioni Tecnologiche e Metodi Sostenibili nell'Apicoltura

Monitoraggio Remoto delle Arnie:

L'uso di sensori IoT (Internet delle Cose) per monitorare la salute delle colonie di api, inclusi sensori di temperatura, umidità e peso, che aiutano gli apicoltori a tenere traccia delle condizioni dell'alveare in tempo reale.

App e Software per la Gestione delle Apiarie:

Sviluppo di app e piattaforme software che permettono agli apicoltori di gestire in modo efficiente le loro apiarie, tenendo traccia della salute delle colonie, dei raccolti di miele e dei trattamenti necessari.

Tecniche Avanzate di Allevamento delle Regine:

Adozione di tecniche più sofisticate per l'allevamento delle regine, migliorando la genetica delle colonie e aumentando la loro resistenza a malattie e parassiti.

Apicoltura Urbana:

Promozione dell'apicoltura in contesti urbani per aumentare la biodiversità e sensibilizzare il pubblico sull'importanza delle api. Le città offrono una varietà di fiori e un ambiente meno esposto a pesticidi agricoli.

Metodi di Controllo dei Parassiti Non Chimici:

Ricerca e implementazione di metodi per combattere i parassiti come l'acaro Varroa senza l'uso di sostanze chimiche, ad esempio attraverso trappole meccaniche o metodi biologici.

Pratiche di Apicoltura Rigenerativa:

Adozione di pratiche che non solo proteggono le colonie di api, ma contribuiscono anche alla salute dell'ecosistema circostante, come la rotazione delle colture e la conservazione delle aree selvatiche.

Collaborazione tra Apicoltori e Agricoltori:

Sviluppo di partnership tra apicoltori e agricoltori per promuovere pratiche agricole che siano benefiche sia per le colture che per le api, come l'uso ridotto di pesticidi e la piantagione di specie vegetali amiche delle api.

Sensibilizzazione e Educazione:

Programmi educativi e di sensibilizzazione per informare il pubblico sui benefici dell'apicoltura sostenibile e sull'importanza delle api nell'ecosistema.

Questa sezione del libro evidenzia come l'apicoltura stia evolvendo grazie a innovazioni tecnologiche e pratiche sostenibili, con un focus su come queste metodologie stiano aiutando a proteggere e sostenere le popolazioni di api. Puoi includere esempi specifici, studi di caso e interviste con esperti nel campo.

Capitolo 13: Miele e Sostenibilità Ambientale

Apicoltura e Biodiversità

Discuti come l'apicoltura sostenga la biodiversità, con le api che impollinano una vasta gamma di piante, contribuendo alla salute degli ecosistemi e alla produzione alimentare.

Pratiche Apistiche Sostenibili

Esplora come gli apicoltori stiano adottando pratiche sostenibili, come il controllo naturale dei parassiti e la gestione delle arnie che minimizza gli impatti ambientali.

Miele come Prodotto Sostenibile

Analizza come il miele, un prodotto naturale con una lunga durata e senza necessità di refrigerazione, rappresenti un esempio di cibo sostenibile.

Impatto Socioeconomico dell'Apicoltura

Illustra il ruolo dell'apicoltura nel sostentamento delle comunità rurali e nella creazione di economie locali sostenibili, con particolare attenzione alle iniziative di apicoltura in paesi in via di sviluppo.

Apicoltura Urbana e Educazione Ambientale

Descrivi l'ascesa dell'apicoltura urbana come strumento di educazione ambientale, sensibilizzazione sulla conservazione delle api e promozione della biodiversità in ambiente urbano.

Sfide e Opportunità

Affronta le sfide dell'apicoltura sostenibile, come il cambiamento climatico e l'uso di pesticidi, e discuti come queste sfide stiano promuovendo innovazioni e nuove strategie.

Collaborazioni per la Sostenibilità

Esamina come le collaborazioni tra apicoltori, agricoltori, scienziati e legislatori stiano promuovendo pratiche sostenibili e politiche favorevoli alle api e all'ambiente.

Conclusioni: Il Miele come Simbolo di Sostenibilità.

Rifletti sul ruolo simbolico del miele e dell'apicoltura come esempi di come prassi sostenibili possano essere integrate in vari aspetti della società e dell'economia.

Questo capitolo offre una visione olistica di come l'apicoltura e il miele possano essere pilastri della sostenibilità ambientale e socioeconomica, mostrando come pratiche responsabili possano avere un impatto positivo su scala globale. Puoi includere case study, interviste con esperti del settore e dati che illustrano l'efficacia di queste pratiche sostenibili.

Pratiche Apistiche che Supportano la Conservazione Ambientale

Promozione della Biodiversità:

Gli apicoltori possono piantare una varietà di fiori, arbusti e alberi che fioriscono in momenti diversi dell'anno, fornendo così alle api un'alimentazione costante e promuovendo la biodiversità vegetale.

Controllo Naturale dei Parassiti:

L'adozione di metodi naturali per il controllo dei parassiti, come l'utilizzo di acari predatori per combattere l'acaro Varroa, riduce la dipendenza dai pesticidi chimici, proteggendo le api e l'ambiente.

Apicoltura Urbana e Rinaturalizzazione:

L'apicoltura in contesti urbani non solo sensibilizza sulla conservazione delle api, ma contribuisce anche alla rinaturalizzazione delle aree urbane, migliorando la qualità dell'aria e aumentando la presenza di flora.

Allevamento Sostenibile delle Regine:

Tecniche di allevamento sostenibile delle regine aiutano a mantenere colonie di api geneticamente diverse e resilienti, essenziali per la salute degli ecosistemi.

Collaborazione con Agricoltori e Comunità:

Apicoltori che collaborano con agricoltori per promuovere pratiche agricole amiche delle api, come la riduzione dell'uso di pesticidi e la piantagione di colture benefiche per le api, contribuiscono alla conservazione dell'ambiente.

Pratiche di Raccolta Responsabile:

Raccogliere il miele in modo responsabile, assicurandosi che le api abbiano abbastanza cibo per l'inverno, riflette un approccio olistico e sostenibile all'apicoltura.

Educazione e Sensibilizzazione Ambientale:

Gli apicoltori possono svolgere un ruolo chiave nell'educazione del pubblico sull'importanza delle api per l'ecosistema e su come le pratiche quotidiane possano influenzare positivamente la conservazione ambientale.

Ricerca e Innovazione:

Partecipare a progetti di ricerca e adottare nuove tecnologie che possono migliorare la salute delle api e l'efficienza delle pratiche apistiche, contribuendo alla protezione dell'ambiente.

In questo capitolo, puoi illustrare come l'apicoltura non sia solo una pratica agricola, ma un elemento cruciale nella conservazione e nel sostegno degli ecosistemi. Puoi includere esempi pratici, storie di successo e suggerimenti per apicoltori che desiderano adottare pratiche più sostenibili.

Capitolo 14: Miele, Cultura e Arte

Il Miele e le Api nell'Arte Visiva

Discuti come le api e il miele siano stati rappresentati nell'arte visiva, da dipinti antichi a opere d'arte contemporanee. Questi simboli spesso evocano temi di diligenza, comunità e natura.

Le Api e il Miele nella Letteratura

Esamina il ruolo del miele e delle api nella letteratura, da opere classiche come le poesie di Virgilio a romanzi moderni. Le api spesso simboleggiano armonia e ordine, mentre il miele può rappresentare dolcezza e abbondanza.

Simbolismo e Miti

Analizza il simbolismo del miele e delle api in varie mitologie e storie tradizionali, dove spesso rappresentano saggezza, immortalità e connessione con il divino.

Il Miele e le Api nel Cinema e nella Televisione

Discuti come il miele e le api siano stati rappresentati nel cinema e nella televisione, da documentari sulla natura a film di finzione, dove possono assumere vari significati simbolici o essere parte integrante della trama.

Poesia e Musica

Esplora come poeti e musicisti abbiano utilizzato il miele e le api nelle loro opere per esprimere una gamma di emozioni e idee, dalla dolcezza dell'amore alla minaccia dell'abbandono.

Il Miele nella Fotografia

Considera il ruolo del miele nella fotografia, sia come soggetto artistico sia come strumento per catturare temi ambientali e di sostenibilità.

Le Api come Icone Culturali

Rifletti su come le api siano diventate icone culturali, simboli di comunità e collaborazione, e come queste rappresentazioni influenzino la percezione pubblica e la conservazione.

Conclusioni: Miele e Api come Ispirazione Continua

Concludi discutendo il potere duraturo del miele e delle api come fonti di ispirazione artistica e culturale, sottolineando come questi simboli naturali continuino a influenzare l'arte e la cultura contemporanea.

In questo capitolo, puoi illustrare come il miele e le api abbiano avuto un impatto significativo su vari aspetti della cultura umana, influenzando arte, letteratura e intrattenimento. Puoi includere esempi specifici, citazioni di opere e analisi di come questi simboli siano stati interpretati nel corso dei secoli.

Il Miele come Simbolo Culturale e la sua Influenza nelle Diverse Forme d'Arte

Miele nella Pittura e Scultura:

Nell'arte visiva, il miele spesso simboleggia dolcezza e abbondanza. Nella pittura classica e nelle sculture, può rappresentare l'opulenza o la divinità, come nel caso delle divinità greche associate al nettare.

Letteratura e Poesia:

Nella letteratura, il miele è stato utilizzato metaforicamente per rappresentare la dolcezza dell'amore, la ricchezza della natura o la transitorietà della vita. Poeti come Shakespeare hanno spesso usato il miele per simboleggiare dolcezza e desiderio.

Miele nel Cinema e nel Teatro:

Nel cinema e nel teatro, il miele può essere un potente simbolo visivo, usato per evocare sentimenti di nostalgia, purezza o anche pericolo, come nelle storie dove le api rappresentano minacce nascoste.

Musica e Canzoni:

Nella musica, le referenze al miele spesso evocano amore e desiderio. Diverse canzoni e composizioni musicali usano il miele come metafora di qualcosa di prezioso e dolce.

Fotografia e Arte Moderna:

Artisti contemporanei e fotografi utilizzano il miele come mezzo per esplorare temi ambientali, sostenibilità e la connessione dell'uomo con la natura.

Miele come Simbolo di Sostenibilità:

Nell'arte e nella cultura moderna, il miele sta diventando un simbolo di sostenibilità e conservazione ambientale, rappresentando l'importanza delle api e della biodiversità.

Simbolismo Religioso e Mitologico:

In diverse religioni e mitologie, il miele ha significati simbolici, spesso associati alla saggezza, alla salute e all'immortalità.

Miele nella Cultura Popolare:

Il miele appare anche in modi più leggeri e divertenti nella cultura popolare, dai cartoni animati ai libri per bambini, dove spesso simboleggia gioia e semplicità.

Capitolo 15: Il Miele nell'Economia Globale.

Il commercio e i mercati del miele a livello globale presentano un panorama complesso e dinamico. Questa sezione del libro esplora come il miele sia commercializzato e scambiato a livello internazionale, identificando i principali paesi esportatori e importatori. Si analizzano le dinamiche del mercato, incluse le tendenze di esportazione e importazione, e come queste influenzino la produzione e la distribuzione del miele a livello mondiale. Questa analisi offre un quadro dettagliato del ruolo del miele nell'economia globale e delle forze di mercato che ne influenzano il commercio. L'apicoltura ha un impatto significativo sia sulle comunità locali sia sull'economia globale. Questa sezione del libro esamina come l'apicoltura contribuisca all'economia delle comunità rurali, creando opportunità di lavoro e sostenendo le economie locali. Inoltre, viene esplorato l'importante ruolo dell'apicoltura nella produzione agricola globale, in particolare per quanto riguarda l'impollinazione delle colture. L'apicoltura non solo genera reddito attraverso la vendita di miele e altri prodotti dell'alveare, ma è fondamentale per la salute e la

produttività degli ecosistemi agricoli e naturali.

Importanza Commerciale del Miele:

Il miele è una merce preziosa nel commercio globale. La sua domanda in continuo aumento nei mercati internazionali, sia come alimento che come ingrediente in prodotti farmaceutici e cosmetici, ne fa un importante driver economico.

Diversificazione dei Prodotti del Miele:

L'innovazione nel settore del miele ha portato a una vasta gamma di prodotti derivati, come caramelle, bevande e prodotti per la cura della pelle. Questa diversificazione accresce il valore del miele nell'economia globale.

Esportazioni e Politiche Commerciali:

Le dinamiche delle esportazioni di miele sono influenzate da politiche commerciali, tariffe e standard qualitativi internazionali. Paesi come la Cina e la Nuova Zelanda sono leader nelle esportazioni, influenzando i mercati globali.

Sfide nella Produzione di Miele:

Problemi come il collasso delle colonie di api e le sfide ambientali incidono sulla produzione globale di miele, influenzando i prezzi e la disponibilità nei mercati internazionali.

Certificazioni e Standard di Qualità:

Le certificazioni come il marchio bio e la denominazione di origine protetta (DOP) rafforzano la fiducia dei consumatori nel miele, aggiungendo valore e prestigio ai prodotti sul mercato globale.

Investimenti in Ricerca e Sviluppo:

Gli investimenti in ricerca e sviluppo nel settore del miele portano a miglioramenti nella produzione e nella qualità, rendendo il miele più competitivo a livello internazionale.

Impatto Economico delle Api Impollinatrici:

Le api non solo producono miele, ma sono anche vitali per l'impollinazione di molti raccolti. Il loro contributo all'agricoltura ha un significativo impatto economico globale.

Turismo e Miele:

Le fattorie di api e le attrazioni legate al miele diventano destinazioni turistiche, generando reddito e sensibilizzazione sull'apicoltura e sull'importanza delle api.

Innovazioni nel Marketing del Miele:

L'uso di strategie di marketing digitale e di e-commerce apre nuovi mercati per il miele, permettendo ai produttori di raggiungere clienti in tutto il mondo.

Impatto Sociale ed Economico sulle Comunità Rurali:

La produzione di miele offre opportunità economiche nelle comunità rurali, fornendo una fonte di reddito e favorendo lo sviluppo locale. Questo aspetto sociale dell'industria del miele è fondamentale nell'economia globale.

Capitolo 15: Miele e Tecnologie Avanzate

La sezione sulle "Tecnologie nella Produzione di Miele" del libro esplora come le tecnologie avanzate stiano rivoluzionando il settore apistico. Si analizzano i progressi nel campo della produzione di miele, dal monitoraggio delle arnie con sensori intelligenti alla raccolta automatizzata, che permettono un controllo più accurato e una gestione efficiente delle api. Si discute anche di come le innovazioni tecnologiche nel confezionamento e nella conservazione del miele stiano migliorando la qualità e la sicurezza del prodotto finito. Questa sezione evidenzia l'importanza delle tecnologie moderne nel migliorare la produzione di miele, garantendo sostenibilità ed efficienza. Nella sezione "Innovazioni nella Conservazione del Miele" del libro, viene analizzato come le nuove tecniche stiano migliorando la conservazione e la qualità del miele. Si discute di metodi avanzati per preservare la freschezza e le proprietà nutrizionali del miele, come l'impiego di tecniche di filtrazione e pastorizzazione innovative che mantengono intatte le caratteristiche naturali del miele. Inoltre, si esaminano le strategie per prolungare la durata di conservazione del miele senza comprometterne la qualità, inclusi nuovi approcci al confezionamento e alla conservazione. Questa sezione enfatizza l'importanza della ricerca e dello sviluppo tecnologico nel settore del miele.

Innovazioni nell'Apicoltura:

Sostenibilità e Miele:

Tecnologie avanzate come il monitoraggio satellitare e l'intelligenza artificiale sono impiegati per individuare aree ideali per l'allevamento delle api, promuovendo pratiche sostenibili e la biodiversità. Questo approccio mira a bilanciare la produzione di miele con il rispetto dell'ecosistema.

Tracciabilità del Miele:

I sistemi blockchain offrono una soluzione per la tracciabilità del miele, garantendo autenticità e qualità. Ogni barattolo può essere rintracciato dalla fonte all'acquirente, aumentando la trasparenza e contrastando il commercio di miele contraffatto.

Miglioramenti nella Conservazione:

Innovazioni nella conservazione del miele, come imballaggi intelligenti e tecniche di refrigerazione avanzate, prolungano la durata di conservazione del miele mantenendone le proprietà nutrizionali e organolettiche.

Ricerca sulle Proprietà del Miele:

La nanotecnologia e la biotecnologia aprono nuove frontiere nella comprensione delle proprietà medicinali e nutrizionali del miele. Studi avanzati esplorano il potenziale del miele in terapie mediche e integratori alimentari.

Automazione nella Produzione di Miele:

Robotica e sistemi automatizzati riducono il lavoro manuale nell'apicoltura. Questi sistemi possono gestire compiti come la raccolta del miele e la manutenzione degli alveari, aumentando l'efficienza e riducendo i costi.

Analisi dei Dati per la Qualità del Miele:

L'uso dell'analisi dei dati consente di valutare la qualità del miele, identificando modelli che indicano purezza e qualità. Questo aiuta a mantenere standard elevati e a soddisfare le aspettative dei consumatori.

Integrazione di Miele e Prodotti High-Tech:

Lo sviluppo di prodotti alimentari e cosmetici che integrano miele con tecnologie avanzate, come microcapsule per la consegna mirata di nutrienti, evidenzia l'unione tra natura e innovazione tecnologica.

Impatto Ambientale e Miele:

Studi tecnologici sulle pratiche apicole analizzano l'impatto ambientale della produzione di miele, promuovendo metodi che riducono l'impronta ecologica e supportano la conservazione della biodiversità.

Educazione e Sensibilizzazione:

Piattaforme digitali e applicazioni mobili educano il pubblico sull'importanza delle api e del miele, diffondendo la consapevolezza sull'apicoltura sostenibile e sull'importanza del miele nell'ecosistema e nella dieta umana

Capitolo 16: Miele, Etica e Pratiche Sostenibili La sezione "Apicoltura Etica"

Esplora le pratiche apistiche che rispettano sia il benessere delle api sia l'ambiente. Si discute dell'importanza di pratiche apistiche che assicurano la salute e la sostenibilità delle colonie di api, come l'uso limitato di prodotti chimici e la gestione responsabile delle risorse dell'alveare. Inoltre, viene analizzato l'impatto ambientale dell'apicoltura, inclusi gli sforzi per ridurre l'impronta ecologica e promuovere la biodiversità. Questa sezione sottolinea l'importanza di un approccio etico e sostenibile nell'apicoltura moderna. La sezione "Certificazioni e Standard di Sostenibilità" discute gli standard e le certificazioni che definiscono e garantiscono pratiche apistiche sostenibili. Si esaminano certificazioni internazionali come quelle organiche, Fair Trade, e quelle relative alla biodiversità, che assicurano che il miele sia prodotto in modo etico ed ecologico. Questa sezione analizza come queste certificazioni influenzino la produzione di miele, contribuiscano alla sostenibilità ambientale e offrano ai consumatori opzioni più responsabili. Questa discussione aiuta a comprendere l'importanza delle certificazioni nel guidare pratiche apistiche sostenibili e responsabili

Etica nella Produzione di Miele:

L'etica nella produzione di miele implica il rispetto delle api, l'uso responsabile delle risorse e il trattamento equo dei lavoratori. Questo include pratiche come evitare l'uso eccessivo di fumogeni e garantire condizioni di lavoro sicure e giuste.

Sostenibilità Ambientale:

La sostenibilità ambientale nell'apicoltura si concentra sul mantenimento della biodiversità e sulla minimizzazione dell'impatto ambientale. Ciò comprende la conservazione degli habitat naturali delle api e l'uso di pratiche agricole che non danneggiano l'ecosistema.

Protezione delle Specie di Api:

Proteggere le diverse specie di api è cruciale per la sostenibilità. Oltre alle api domestiche, le api selvatiche svolgono un ruolo vitale nell'ecosistema. Salvaguardarle significa preservare la biodiversità e la resilienza ecologica.

Commercio Equo e Solidale del Miele:

Il commercio equo e solidale del miele assicura che i produttori ricevano un prezzo equo per il loro prodotto. Questo supporta le comunità rurali e promuove pratiche di produzione etiche e sostenibili.

Impatto del Cambiamento Climatico:

L'apicoltura è significativamente influenzata dal cambiamento climatico. Pratiche sostenibili e adattative sono necessarie per mitigare gli effetti del clima in evoluzione sulle api e sulla produzione di miele.

Educazione e Consapevolezza:

La sensibilizzazione e l'educazione pubblica sul ruolo delle api nell'ecosistema e sull'importanza delle pratiche di produzione sostenibile del miele sono essenziali. Campagne informative possono influenzare positivamente il comportamento dei consumatori e delle imprese.

Riduzione dell'Uso di Pesticidi:

L'uso limitato o la totale eliminazione di pesticidi nocivi nelle aree di apicoltura è fondamentale per la salute delle api. Pratiche alternative come il controllo biologico dei parassiti sono incoraggiate.

Packaging Eco-sostenibile:

L'uso di materiali di imballaggio sostenibili e riciclabili per il miele riduce l'impatto ambientale. Ciò include l'abbandono di plastiche non riciclabili a favore di materiali biodegradabili o riutilizzabili.

Collaborazione con Organizzazioni Ambientali:

L'apicoltura può beneficiare di collaborazioni con organizzazioni ambientali per promuovere pratiche sostenibili e proteggere l'habitat delle api. Queste partnership possono portare a migliori politiche e pratiche di conservazione.

Trasparenza ed Etichettatura:

Fornire ai consumatori informazioni chiare sull'origine e sulle pratiche di produzione del miele attraverso l'etichettatura aiuta a promuovere la consapevolezza e la scelta consapevole. Etichette che indicano produzione sostenibile o biologica possono guidare i consumatori verso scelte più etiche.

Capitolo 17: Miele e Cambiamenti Climatici

La sezione "Impatto dei Cambiamenti Climatici sulle Api" esplora come le variazioni climatiche globali influenzino le popolazioni di api e la produzione di miele. Si discute di come fenomeni come l'aumento delle temperature, i cambiamenti nei modelli stagionali e le condizioni meteorologiche estreme possano alterare l'habitat delle api, influenzando la loro salute e la capacità di impollinare le piante. Inoltre, si analizzano le conseguenze di questi cambiamenti per l'apicoltura e le strategie adottate per adattarsi a un clima in evoluzione. Questa sezione evidenzia la relazione critica tra il clima, le api e la produzione di miele.

La sezione "Adattamento dell'Apicoltura ai Cambiamenti Climatici" del libro esamina le strategie innovative e adattive che gli apicoltori stanno implementando per rispondere ai cambiamenti climatici. Si discute di come l'adattamento di pratiche di apicoltura, la selezione di specie di api più resistenti, e l'utilizzo di tecnologie avanzate per monitorare e gestire le colonie, aiutino a mitigare gli impatti del clima in evoluzione. Inoltre, si analizza l'importanza della ricerca e della collaborazione tra apicoltori e scienziati per sviluppare soluzioni efficaci e sostenibili. Questa sezione sottolinea l'importanza di un approccio proattivo e flessibile nell'apicoltura moderna.

Impatto del Cambiamento Climatico sull'Apicoltura:

Il cambiamento climatico influenza i cicli stagionali e gli habitat, incidendo sulla disponibilità di fiori per le api. Questo può portare a una diminuzione della produzione di miele e a una variazione nella sua qualità.

Effetti sulle Specie di Api:

Diverse specie di api risentono in modo diverso dei cambiamenti climatici. Alcune possono adattarsi, mentre altre possono subire un declino, influenzando la biodiversità e l'ecosistema di impollinazione.

Adattamento delle Pratiche Apicole:

Gli apicoltori devono adattare le loro pratiche per mitigare l'impatto dei cambiamenti climatici, come modificare i tempi della raccolta del miele e utilizzare varietà di api più resistenti alle condizioni climatiche in evoluzione.

Migrazione delle Api e Nuove Aree di Produzione:

I cambiamenti climatici possono spingere le api a migrare verso aree con condizioni più favorevoli, portando a nuove regioni di produzione di miele e cambiando i modelli commerciali tradizionali.

Sensibilità dei Fiori ai Cambiamenti Climatici:

Alcuni fiori possono fiorire in momenti diversi o diventare meno abbondanti a causa dei cambiamenti climatici, influenzando la quantità e la tipologia di miele prodotto.

Ricerca e Monitoraggio:

La ricerca e il monitoraggio continuo sono cruciali per comprendere l'impatto dei cambiamenti climatici sulle api e sul miele. Ciò aiuta a sviluppare strategie adattative per l'apicoltura.

Educazione Ambientale e Sensibilizzazione:

Sensibilizzare il pubblico sull'impatto dei cambiamenti climatici sulle api e sulla produzione di miele è fondamentale. Campagne educative possono incoraggiare azioni e politiche volte a mitigare questi effetti.

Cooperazione Internazionale

La cooperazione internazionale è necessaria per affrontare le sfide poste dai cambiamenti climatici all'apicoltura. Condividere conoscenze e risorse può aiutare le comunità di apicoltori a livello globale.

Pratiche Sostenibili per Ridurre l'Impatto:

Adottare pratiche di apicoltura sostenibili può aiutare a ridurre l'impatto dell'attività sul clima, come la gestione responsabile degli alveari e l'uso di metodi di produzione a basso impatto ambientale.

Ruolo del Miele nella Mitigazione dei Cambiamenti Climatici:

Il miele e l'apicoltura possono svolgere un ruolo nella mitigazione dei cambiamenti climatici attraverso pratiche agricole sostenibili e la conservazione degli ecosistemi di impollinazione, contribuendo alla biodiversità e alla resilienza dell'ambiente.

Capitolo 18: Prospettive Future per il Miele e l'Apicoltura

La sezione "Ricerca e Sviluppo nel Settore Apistico" affronta le ultime innovazioni e progressi nel campo dell'apicoltura. Si esplorano nuove scoperte scientifiche relative alla salute delle api, alla genetica e ai metodi di controllo dei parassiti. Inoltre, si discutono le tecnologie emergenti e le pratiche apistiche avanzate che migliorano la sostenibilità e l'efficienza dell'apicoltura. Questa parte del libro evidenzia l'importanza della ricerca continua per affrontare le sfide future del settore e garantire la salute delle api e la qualità del miele.

La sezione "Tendenze Future del Mercato del Miele" esamina le previsioni e le tendenze emergenti nel mercato del miele e dell'apicoltura. Si discute di come fattori come la crescente consapevolezza dei consumatori sulla salute, l'interesse per i prodotti biologici e naturali, e le innovazioni in apicoltura possano influenzare la domanda e la produzione di miele. Inoltre, vengono esplorate le potenziali opportunità di mercato e le sfide, incluse le implicazioni dei cambiamenti climatici e la necessità di pratiche apistiche sostenibili. Questa sezione offre una visione del futuro del settore apistico, basata sulle tendenze attuali e sulle previsioni di esperti.

Tecnologie Avanzate nell'Apicoltura:

L'avanzamento delle tecnologie, come l'intelligenza artificiale e la robotica, potrebbe rivoluzionare l'apicoltura, migliorando la gestione delle api e la raccolta del miele, riducendo il lavoro manuale e aumentando l'efficienza.

Sviluppo di Nuovi Prodotti a Base di Miele:

Ricerca e innovazione porteranno allo sviluppo di nuovi prodotti derivati dal miele, espandendo il suo utilizzo in settori come la farmaceutica, la nutraceutica e la cosmetica.

Miglioramento delle Pratiche Sostenibili:

La crescente consapevolezza sull'importanza della sostenibilità guiderà l'adozione di pratiche apicole più ecologiche, riducendo l'impatto ambientale e promuovendo la salute e la biodiversità delle api.

Risposta ai Cambiamenti Climatici:

L'apicoltura dovrà adattarsi ai cambiamenti climatici con nuove strategie, come la selezione di varietà di api più resistenti e l'adattamento delle tecniche di coltivazione per affrontare condizioni meteorologiche estreme e mutevoli.

Incremento del Ruolo delle Api nell'Impollinazione:

Con la crescente consapevolezza dell'importanza delle api per l'ecosistema, si prevede un aumento del loro ruolo nell'impollinazione, non solo per la produzione di miele ma anche per sostenere la biodiversità e l'agricoltura.

Integrazione con l'Agricoltura Smart:

L'apicoltura sarà sempre più integrata con l'agricoltura smart, utilizzando dati e analisi per ottimizzare sia la produzione di miele sia il contributo delle api all'agricoltura e all'ecosistema.

Ricerca sulla Salute delle Api:

La ricerca sulla salute delle api sarà prioritaria, con uno sguardo particolare alle malattie e ai parassiti. Questo aiuterà a sviluppare soluzioni più efficaci per la loro protezione e conservazione.

Evoluzione del Mercato Globale:

Il mercato globale del miele subirà un'evoluzione, con nuove dinamiche di esportazione e importazione, standard di qualità più elevati e una maggiore enfasi sul commercio equo e solidale.

Educazione e Formazione degli Apicoltori:

l'istruzione e la formazione degli apicoltori diventeranno fondamentali per trasmettere conoscenze avanzate e pratiche sostenibili, garantendo la crescita e l'adattabilità del settore.

Il futuro dell'apicoltura vedrà una maggiore collaborazione tra scienziati, agricoltori, tecnologi e ambientalisti, unendo diverse competenze per affrontare le sfide e sfruttare le opportunità nel settore del miele e dell'apicoltura.